扬州小盘谷

杨 晟 ◎ 著

广陵书社

图书在版编目（ＣＩＰ）数据

扬州小盘谷 / 杨晟著. -- 扬州：广陵书社，
2018.10
　ISBN 978-7-5554-1102-4

　Ⅰ．①扬… Ⅱ．①杨… Ⅲ．①古典园林－研究－扬州
Ⅳ．①TU986.625.33

中国版本图书馆CIP数据核字(2018)第234821号

书　　名	扬州小盘谷
著　　者	杨　晟
责任编辑	胡　珍
出版发行	广陵书社
	扬州市维扬路 349 号　　　　邮编　225009
	（0514）85228081（总编办）　85228088（发行部）
	http：// www.yzglpub.com　E-mail：yzglss@163.com
印　　刷	无锡市金广顺包装有限公司
装　　订	无锡市西新印刷有限公司
开　　本	889 毫米 ×1194 毫米　1/32
印　　张	3.375
字　　数	60 千字
版　　次	2018 年 10 月第 1 版第 1 次印刷
标准书号	ISBN 978-7-5554-1102-4
定　　价	28.00 元

周馥（1837—1921）

周学熙（1866—1947）

周馥长孙女周津荣
在小盘谷花厅的照片

1909 年周学海夫人徐氏去世,其子女赴扬守制,离扬前在小盘谷东园合影

民国七年戊午（1918）正月在天津米多士路周学辉住宅周馥合家照

民国三十四年乙酉（1945）周学熙金婚并八十寿诞在天津家中的合照

2005年4月，笔者父子与周棨良先生一家、周幼玲等在小盘谷仪门前合影

2005年7月，笔者与周景良先生在北京大学住宅楼前合影

2007年5月，笔者与周启成先生在小盘谷合影

序

　　扬州是座园林城市，在中国园林发展史上有着十分重要的地位。早在西汉时期，吴王刘濞就在广陵建有规模宏大的宫苑。根据扬州考古的发现，尚可推断，江都国和广陵国也仍然保留或建有这种大型的皇家苑囿。

　　南朝刘宋时期，南兖州刺史徐湛之在蜀冈创建了"风亭、月观、琴室、吹台"，作为中国早期园林的范例被载入史册。到了中唐时期，扬州已成为中国繁华的大城市和国家经济中心，扬州城市和郊外呈现出"园林多是宅"的景象，并出现了以姓氏命名的私家园林。北宋时期，扬州虽比不上洛阳，但仍然是中国主要的园林城市之一。即使在宋金对峙、烽烟时起的南宋时期，扬州的园林建设也没有停止。

　　晚明至盛清是扬州园林建设的鼎盛时期，也是中国封建社会园林建设最后的高峰期。这一时期，由于盐业经济的畸形繁荣，在巨额财富的支持下，盐商们竞相营建豪宅，私家园亭、

城市山林争奇斗艳,异彩纷呈;在康熙、乾隆二帝相继南巡的政治背景下,特别在乾隆皇帝六次南巡的直接推动下,原先散落在西北郊外的私家别墅被迅速整合为带状的集群式园林,并且形成了"一路楼台直到山"的游览线路。加之,当时城内分布着南北各地建立的会馆,会馆都附带大小不等的园林,扬州成为了南方最大的造园市场,吸引了像计成、戈裕良等一批造园艺术家,聚集了也培养出一大批能工巧匠,扬州园林无论从数量还是规模质量上都超过了当时的苏州,赢得了"扬州园林甲天下""扬州园林甲于南中""广陵甲第园林之盛,名冠东南"的声誉。

随着国家盐业政策的重大调整,盐商利益受到了沉重的打击,之后,扬州城又惨遭太平天国战争的毁灭性破坏,扬州园林损毁大半,风光不再!清末民初,国体、政体不断变化,迭经变故后的扬州,资本外流,人口减少,郊外园林人为和自然破坏严重,大都倾圮;城内宅园频繁易主,历史信息不断丢失……

新中国建立以后,除了以瘦西湖为代表的郊外园林较早得到了保护利用之外,扬州城内硕果仅存的一批宅园在私房改造政策实施过程中遭到了不同程度的破坏。直到改革开放以后,扬州被国务院首批公布为国家级历史文化名城,政府对个园、何园、汪氏小苑、吴道台宅第、卢氏盐商住宅、匏庐、汪鲁门住宅、小盘谷、逸圃、壶园等一批宅园先后进行了保护利用。但我们发现在修缮利用过程中,宅园历史信息和园主人相关信息的缺失，直接影响了修缮和利用的效果。有的宅园甚至连一份历史信息基本准确、要素齐全的档案也很难建立，更谈不上有效保护和合理利用。

作为扬州城市山林杰出代表的"小盘谷"，也遭遇过相同的命运。该宅园构建后，又曾长期藏在深闺人不识。有鉴于此，杨晟先生开始了十多年的资料收集、整理和考证研究。杨晟先生虽是工科出身，长期从事企业管理和担任经济管理部门的领导，退休以后又被政府返聘，但先生家学渊源，有着较为扎实的文字功底，且对扬州历史文化和这座城市有着特殊的感情。市级文物保护单位风箱巷"杨氏小筑"是其伯祖父的宅居。多年来他利用业余时间整理祖父杨荫昌的手泽遗墨，又对扬州精品园林之一的小盘谷进行了深入的研究，形成了丰硕的成果。在这项专题研究过程中，杨晟先生充分发挥了逻辑思维能力强的特长，用细致严谨的态度查阅了大量的资料，采访了园主人的多位后代，并求教于多位专家学者，不仅厘清了小盘谷的嬗变关系，用细致的笔触描写了小盘谷玲珑秀雅、幽深宁静的景致，还通过对大量史料和小盘谷的建构，考证了徐仁山、周馥两位园主人对宅园的不同心态，以及他们的社会关系，特别是对周馥家族中与小盘谷相关的后人，做了系统的研究。但这样的研究工作既无名又无利，不仅要花费大量时间，经济上还要有所付出！然而对于扬州这座城市来讲，它却是十分重要的。深厚而丰富的历史文化遗产是扬州赖以生存和发展的宝贵财富，迫切需要对它进行挖掘、研究，迫切需要对它进行梳理、织补，需要从一大堆斑驳纷乱的历史信息中找出头绪，分门别类地整理成完整或相对完整的资料，试想这对于扬州的学术研究，对于城市的研究解读，对于遗产的保护利用，对于旅游业，对于文化创意产业有着何等重要的价值！

感谢杨晟先生的辛勤劳动！期待本书的出版能吸引更多的人参与这项工作，用自己的满腔热情，用自己的爱，用自己卓越的工作成果致敬扬州，造福桑梓，造福子孙后代！

扬州博物馆名誉馆长　顾风

2018 年 3 月 8 日

目 录

惟适之安小盘谷

扬州大树巷小盘谷是清两江总督周馥的宅园。小盘谷为扬州城市园林中,以小见大最为杰出的代表。园林专家常以其"秀",媲美于苏州环秀山庄,而其"小"则有过之而无不及。园主人将唐代韩愈描述的环两山之间、幽静而险阻的太行山盘谷的精华和意韵浓缩于宅园方寸之间,堪称奇绝。

宅园总占地5700多平方米。小盘谷园林仅占亩余。宅园的中路、西路为厅堂、住宅,在中路厅堂东廊南首月洞形园门上方有嵌框磨砖门额,浅刻隶书"小盘谷"三字。故周馥宅园便以小盘谷而著称。

1979年赵朴初先生游是园后,曾作《游扬州周氏故园》诗以识:

竹西佳处石能言,听诉沧桑近百年。

巧叠峰峦迷造化,妙添廊槛乱云烟。

1982年扬州小盘谷被列为江苏省文物保护单位。2006年列为全国重点文物保护单位。

两任园主人　亦友亦亲封疆吏

　　大树巷小盘谷曾先后有两任园主人。宅园原系清两淮盐运使徐文达所建，后归两江总督周馥所有。两人不仅是安徽同

大树巷小盘谷正门

乡，又是清同治元年同时进入淮军并有建树的同僚好友，都曾是官至一品的封疆大吏，后来又结为儿女亲家。两任园主人及其后人，特别是周馥及其后人在中国历史上都曾占有重要地位，这也给小盘谷增添了深厚的文化内涵。

徐文达（1825—1890），字仁山，安徽南陵人。据《南陵县志》卷二十五《人物志》载，曾先后受曾国藩、李鸿章的器重。历任直隶州知州、扬州管粮台事、以道员留江苏遇缺题补、赏加盐运使衔、署两淮盐运使、署淮扬海道、护理漕运总督。在授福建按察使后，光绪十六年二月入觐，三月行抵扬州卒。

徐仁山在光绪七年任两淮盐运使。在任期间曾在家乡南陵征聘苏州、扬州等地能工巧匠修建了巨大的住宅园林，被称为徐家大屋。他在扬州，参照家乡的宅园也构建了大树巷宅园。体量虽没有家乡南陵的宅园大，但取其精华，也分为东、西两园。园内假山，峰危路险，苍岩探水，溪谷幽深，石径盘旋，即现今之小盘谷。小盘谷园中花厅窗格横楣尚残留进口彩色玻璃并保存至今。徐仁山从同治七年历任扬州管粮台事、江苏遇缺题补起，直到光绪七年署两淮盐运使，署淮扬海道、护理漕运总督，及至光绪十六年卒于扬州。二十余年时间里，其所任职及所事转运营饷、赈济难民、治河修浚、督察盐纲，特别是人文社交活动，均在扬州区域内，或以扬州为中心。他在扬州建私宅也是很自然的了。对其建造时间，虽无明确记载，但从其任职扬州的时间来推断，应大约在光绪七

年,他署两淮盐运使的前后。

徐仁山是一位善于营建的官员。方濬颐在《平远楼后,仁山匄工起长廊高阁盘旋而下,筑屋十数楹,中间颜曰四松草堂,落成招饮,即席赋诗》中就有"南陵使君善营造"的诗句。现平远楼、四松草堂均尚存于大明寺。四松草堂即今之平山堂东侧的"鉴真和尚东渡事迹陈列室"。

在瘦西湖梅岭春深景点临湖所建著名的月观,是光绪五年徐仁山为归老于乡的制军晏彤甫所筑"待月之所"。晏彤甫曾任两广总督兼广东巡抚,归乡后曾被两淮盐运使聘为扬州梅花书院山长。光绪三十年"屋毁于火"。重修后,陈重庆题写的"月观"匾额上,还书写有一段跋文,跋文中记述了徐仁山建月观的史实:

> 光绪五年春,徐仁山廉访都转两淮,时晏彤甫制军归老于乡,屡于小金山文酒清宴,以独缺其西一面,拟筑数楹为待月之所。都转题之,丐李维之观察董其事。此月观所由始也。……
>
> 光绪丙午四月赐卿陈重庆书额并跋

平山堂后的欧阳修祠东侧墙上现保存有徐仁山撰写的《重修平山堂欧阳文忠公祠记》。在该记中记述了欧阳祠废圮后,时任两淮盐运使欧阳正墉(字崇如)于光绪五年八月动工

重修,后由徐仁山续修完成的过程:

> ……凡五阅月而工未竣,费亦将告罄,值岁暮暂停畚筑宜也,讵料时有可为,事难预定,崇如都转遽以痼疾逝,则庚辰正月十三日也。临终语家人,犹以臣职未尽,祠工未蒇为憾。尔时,余方有事省垣,闻疾亟尚思存问,乃未转棹而讣音至矣。十八日,余遂捧檄来扬摄斯篆,旋于十九日视事,独念余与崇如都转先后同官复同谱,业为之料理其身后而祠工未毕,弗踵而成之,既无以完良友缵述之诚,又何以崇先哲明之典,功亏一篑,奚为者? 于是复捐赀,命工作两匝月告成,木石坚固,轮奂聿新,屹然与殿宇并峙,是岂徒壮观瞻哉!

祠记后署有"钦加布政使衔、署理两淮都转盐运使司、江苏遇缺题补道、南陵徐文达拜撰书丹"。从该记中可见,现存欧阳祠是徐仁山于光绪六年续修完成的。到光绪七年徐仁山才正式递补署两淮盐运使。可见,方濬颐称徐仁山"南陵使君善营造",他是当之无愧的。

徐仁山最为扬州人所知晓且留传千古的是他为扬州大明寺、欧阳修所建客厅题写的对联。该联集范仲淹《岳阳楼记》、欧阳修《醉翁亭记》、王禹偁《黄冈竹楼记》、苏轼《放鹤亭记》四大家四大名篇中的句子而成:"衔远山,吞长江,其西南诸峰,

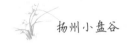

林壑尤美;送夕阳,迎素月,当春夏之交,草木际天。"这亦可见
徐仁山的文采不凡。

让人存疑的是,"小盘谷"之名果是徐仁山所命吗? 徐仁
山建大树巷宅园,大约在光绪七年前后,其时,正值仕途通达,
且他又在老家南陵建有规模宏大的宅园,并无在扬退隐之意。
而"小盘谷"之名充满"惟适之安"的隐逸之情。这不得不让
人对徐仁山为宅园冠名"小盘谷"而存疑。那么,"小盘谷"是
大树巷宅园的新主人命名的吗?

光绪二十三年(1897),周馥从徐仁山之子徐乃光手中接
受了大树巷小盘谷,成为新主人。

周馥(1837—1921),字玉山,号兰溪,原籍安徽建德(今
东至)人,早年入李鸿章幕府,提为知县、知府,以道员身份留
直隶补用。后相继任永定河道、津海关道,兼任天津兵备道,
署长芦盐运使、直隶按察使。甲午战争中任前敌营务处总理,
后曾任四川布政使、直隶布政使、护理直隶总督兼北洋通商
大臣、山东巡抚、署两江总督、补授署闽浙总督、调补两广总
督。其间,周馥创办我国近代第一所新式军事院校天津武备
学堂,筹划建立北洋海军,总理北洋沿海前敌水陆营务处兼
旅顺船坞工程督办,建立北洋海军基地。会同海军统领丁汝
昌等拟定北洋海军章程。山东黄河多次决口,他组织官兵治
理水患,是晚清时期著名的治水专家。他协助李鸿章开展洋
务运动、会办天津电报局、筹建天津机器局、架设电报线路、

开办煤矿、修筑铁路等，可见周馥也是一位洋务运动的推动者和实施者，是李鸿章在北洋时期最重要的助手。

光绪三十一年（1905），由袁世凯领衔，周馥联合湖广总督张之洞、两广总督岑春煊等会衔奏请立停科举，推广学校，得到批准。清政府谕令从丙午（1906）科起，停止所有乡试、会试和各省岁科考试。这样，延续了1300年的科举制度被废除了。

周馥的主要著作有《通商约章汇纂》《教务纪略》《治水述要》《东征日记》《负暄闲语》《玉山诗集》等。

周馥和徐仁山当时在扬州、泰州一带，两家都有盐运经营，周家也领有盐运使衔，并设泰合成号，仓运海盐及门市批售。光绪十八年，周馥之子周学海，遵父命来扬负责盐务。徐仁山于光绪十六年在扬州去世，其长子徐乃光接管了其父在扬的经营和家产。徐乃光曾出任清政府驻纽约第一任首席领事，其后还曾被委办扬子淮盐总栈。周、徐两家生意上的来往当属正常。周馥在其《玉山诗集》卷四中写有《感怀平生师友三十五律》，缅怀其平生师友曾国藩、李鸿章等三十五人，每人一律。其中有一首题为"徐仁山提刑"。周馥在该诗自题的前言中写道：

……同治元年，淮军赴沪三千人，皖南从军之士无凭籍而起家者，惟仁山提刑、刘芝田中丞兄弟及余而四耳。今只芗林与余存云。

就在徐仁山去世前两年，周馥在其年谱中记有"与长子学海坐轮船到镇江、过扬州，到清江访淮扬海道徐文达"。可见，周馥与徐仁山的友情还是很深的。诗中云："旧事沧桑那忍说，凄凉愁对庚家园。"诗后并有自注：

公没后，其子因债务以扬州旧园庐畀余。

周馥所说"扬州旧园庐"即指大树巷宅园，当时可能尚未有"小盘谷"之名。这也可说明"小盘谷"非周馥所建。在这里周馥也并未指明其子一定是欠他的钱，是以园抵债，而是用了一个含蓄的"畀"字。畀，是给予的意思。"畀余"就不一定是纯粹的买卖关系，而是一种出于亲友间的相互照应和帮助。不过可以推断，周馥为"其子因债务以旧园庐畀余"，也一定出了钱、出了力。恰好此时因甲午海战失败，周馥也因李鸿章遭贬而告缺，举家南迁抵扬，并有意在扬定居。周馥和徐仁山本是好友，在经济上也曾互有来往。

此外，周馥和徐仁山还是亲家。前面提到的周馥所写"徐仁山提刑"这首诗里写道："生相投分死联婚。"这是指徐仁山卒后、刘芗林生前，周馥五子周学渊（原名学植）娶徐仁山次女为妻。周学渊与徐氏的婚姻很美满，可惜一年后徐氏即病故。正如周学渊追念亡妻徐氏的诗中所言"剪烛深谈只一年"，诗后自注有"夫人没于淮安重阳节后二日"。徐仁山卒于光绪十六年,刘芗林卒于光绪二十四年,在这几年中,周学渊随母由保定南迁,仅有光绪二十一年至二十二年住淮安。可见这段婚姻应在光绪二十一年,也在周馥接受小盘谷之前。至于这儿女亲家是在徐仁山生前即已确定,还是在徐仁山卒后,由周馥做主,尚不可知。

周馥移寓扬州本也早有此意。1889 年他阔别扬州 10 年后再到扬州时,曾在其诗《过扬州》中流露出对扬州风物人情的眷念:"泽国鱼盐商客利,高楼弦管寓公多。年来者旧知无几,停棹殷勤访薜萝(谓魏荫亭、程尚斋两观察,林绶卿廉访)。"

周馥在接受小盘谷前,其夫人吴氏已随其子周学熙到扬州。长子周学海则于 1891 年即已在扬租房居住,1892 年起更是遵父命在扬定居经营盐运。而此时,徐乃光在光绪十九年(1893)十二月出任清政府驻纽约第一任首席领事至光绪二十二年九月期满回国。在此情况下,周馥接受徐氏旧园庐小盘谷便是很自然的事。据周馥自著《年谱》"光绪二十三年丁酉六十一岁"条记载:

> 二月,赴扬州料理丁家湾大树巷造屋事,四月由泰寓移至扬州南河下暂住,八月移寓丁家湾新屋。

结合前述周馥的诗后自注"公没后,其子因债务以扬州旧园庐界余"，可知周馥在此所记"造屋"一事，实为接受丁家湾大树巷宅园，并进行修建维护之意。当然，也不排除有可能改建或新造了几间屋子。到当年八月，周馥即移住丁家湾大树巷新居。其间仅六个月的时间，不可能大规模重建改修，更不可能造园，只能稍作修建维护。

从现存的房管档案资料来看，当初徐仁山家大院远比现在的小盘谷面积大。周馥当时只接受了原丁家湾 75 号的住宅和原大树巷 56 号、62 号小盘谷宅园。这是徐家大院最精华的一部分。在现大树巷小盘谷宅园的东侧、西侧和北侧，徐家后人还保留了部分住宅，以后又陆续变卖处理了。

唐韩愈《送李愿归盘谷序》是传颂千古的散文精品。文中描述寄迹盘谷、心游太清，"坐茂树以终日，濯清泉以自洁。采于山，美可茹；钓于水，鲜可食。起居无时，惟适之安"的隐逸之情，受到历代文人的向往。周馥住进该宅园后，即拟和夫人吴氏及长子周学海一房定居扬州。从周馥"以和议已成，乞病开缺告归"来到扬州，并有意在扬定居来看，周馥此时也已年过六十岁，确大有"起居无时，惟适之安"的退隐情怀。他在《卜宅偶题》诗中曾写道：

斗室三椽百本树，聊为老人散腰步。

安眠饱食何所求，坐看天光自朝暮。

　　当他在大树巷宅园中"坐看天光自朝暮"时，面对峰峦叠翠、谷洞幽深的家园，一定会想到韩愈的《送李愿归盘谷序》。据此，该园极有可能是周馥命名为小盘谷。当然，这只是笔者的推断。不过，从实际情况看，在周馥之前，在扬州相关园林的资料中未见有提到大树巷小盘谷的。就是徐仁山、周馥家人自己，在周馥接受之前也未见提到小盘谷。由此可以推断，正因为徐仁山建园时尚无"小盘谷"之名，且其园体量不大，在遍布盐商大宅名园的扬州，大树巷宅园便名声不扬了。周馥接受后，以"小盘谷"为园名，再加上周馥复出后，其名声日隆，小盘谷的名声才渐闻于扬城。可以推断，小盘谷是徐仁山建构于前，命名和闻名于周馥定居之后。

　　周馥迁入小盘谷新居后，往来芜湖、扬州间，尽享天伦之乐，并打算在扬长期定居。周馥在小盘谷曾接待过不少亲朋好友，也写过不少诗。这些诗真切地表达了他当时在扬定居时失落和退隐的心态：

夜坐（三首选一）

萧瑟空阶雨，凄凉傍晓灯。

清宵了无梦，小室静于僧。

志业一杯水，风尘三折肱。

老怀消遣得，佳日即扶藤。

杨氏妹洪氏妹来扬州寓所(三首选二)

(光绪二十三年丁酉六十一岁)

其 一

骨肉宁常聚,相看发已皤。

欲将家事诉,只觉泪痕多。

霜铩孤鸾影,风摧乳燕窠。

茹荼兼食蓼,辛苦一生过。

其 二

少小伤多难,衰年更拂心。

恍疑鸮在屋,那见鹤鸣阴。

却幸诸孙起,相看头角森。

他年应跨灶,一为慰烦襟。

　　周馥夫人吴氏定居小盘谷后,一直未离开扬州,直至1907年底在小盘谷病逝,享年73岁。周馥在吴氏病重时即返扬州为其延医治病。吴氏夫人病逝后,周馥及其子女均来扬州小盘谷治丧吊唁。其子周学熙《自叙年谱》载,"(光绪三十四年戊申)正月在扬州守制,满百日后始回津寓"。可见周馥当时的后人大都到过小盘谷,知晓小盘谷。

　　周馥离扬后,即由其长子周学海一房承继。周学海过世后,又由其长子周达承继。此后,小盘谷宅园一直为周馥家族所有。在民国初年,周家对宅园又做了维修。周学海的长孙女周孟芬是长期居住在小盘谷的,为周馥家族中最后离开小盘谷的后人。

周启成先生给笔者的信中曾提到:扬州解放前,"小盘谷当年曾为伪军孙良诚部参谋长甄纪印所占,园内池边还养过马,直到抗战胜利后才走"。周馥其他后人也向笔者回忆过:小盘谷东花园里的南花厅曾被国民党的军官占用,国民党军队和解放军也先后在这里驻扎过。在周氏家人大都离开扬州后,周孟芬曾将房屋出租,有不少人家在小盘谷居住过。直到国家实施私房改造,周孟芬于1958年向扬州市房管部门递交了决心书,拥护国家的房改政策,小盘谷遂为国家接收。

至此,小盘谷宅园由政府"公管"。以后曾由政府房管部门继续租给居民居住,后又曾被茶叶加工厂、商业招待所以及房管部门等单位使用过。

两处小盘谷　皆幽皆秀两不同

　　扬州曾有两处小盘谷,另一处是堂子巷的秦氏小盘谷。因秦氏小盘谷现已不存,但其先建于前,且其史料和介绍却较周氏小盘谷丰富,其名声在过去也远比周氏小盘谷为大。因而常将秦氏小盘谷的构建时间、人物等情况混淆于后建之周氏小盘谷。

　　秦氏小盘谷是清乾隆末年至嘉庆初年间秦恩复所构。据《芜城怀旧录》卷一所载:乾隆曾给御史秦序堂家宅赐有"旧城读书处"的匾额。"子恩复,字近光,号敦夫……家有园林,复筑'小盘谷',方庭数武,浚水筑岩,极曲折幽邃之致。又筑室三楹,曰五笥仙馆。海内名公,无不知有小盘谷也。"其后裔秦荣甲,原保存有意园小盘谷图卷,并于1921年为图作跋曰:

　　　　乾隆之末,先曾祖敦夫府君,就居室之旁,构小园曰"意园"。于园中累石为山,曰"小盘谷",出名工戈裕良之手。面山厅事，曰"五筒仙馆"。旁为"享帚精舍"，右为"听雪廊"。廊之南，北向屋五间，曰"知足知不足轩"。由廊而西，逶迤达"石砚斋""居竹轩"。"旧城读书处"，则先高祖西岩府君藏书室也。一时名流咸集，文宴称盛。先祖玉笙府君，复与诸老辈觞咏其中，有《意园酬唱集》行世。洪杨之乱，屋毁于兵。所谓"小盘谷"者，亦倾圮。

现该图和跋尚珍藏于扬州博物馆。《江苏省志·风景园林志》中，也明确记载："扬州意园小盘谷，在堂子巷6号。清嘉庆间，秦恩复所构，常州戈裕良为其掇叠假山。"从《芜城怀旧录》所载和秦恩复后裔秦荣甲题跋可知，秦氏小盘谷应构建于乾隆末年，但也有可能拖延到嘉庆初。

笔者在扬州博物馆查阅了秦氏小盘谷的图卷和秦荣甲的题跋。对照所存秦氏小盘谷原图，与现存周氏小盘谷并无形似。现秦氏小盘谷尚存残额刻石，但仅存一"谷"字和吕望之尚书署款。'谷'字为行书，与周氏小盘谷的隶书题额也不是一种字体。

徐仁山构建此园时，秦氏小盘谷已"亦倾圮"，但也有可能根据记载或所遗构图，参考了秦氏小盘谷的建构。根据现代园林专家陈从周教授的分析，他认为："今从小盘谷假山章法分析，似以片石山房为蓝本，并参考其他佳作综合提高而

秦氏小盘谷（图藏扬州博物馆）

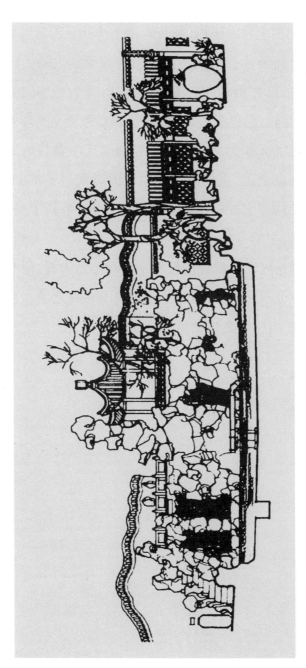

扬州小盘谷剖面图（选自陈从周著、陈馨选编《园林清话》）

成。"片石山房今在何园内,相传为明末清初石涛和尚叠石的人间孤本。何园片石山房距离小盘谷仅百步之遥。以片石山房的名气,徐仁山构园时不会不知道,作为他构园的参考也是有可能的。但也有人指出,小盘谷参考了苏州环秀山庄的叠石技法。而苏州环秀山庄与扬州秦氏小盘谷均出自造园大家戈裕良之手,更何况徐仁山构园时就请了不少苏州、扬州两地的构园名匠。戈裕良的叠石技艺,革新了垒洞术,独创穹形顶,主峰往往具备神形,借合石块,类似天然洞穴。所以从大树巷周氏小盘谷的叠石章法和形态来看,说有戈裕良叠石之妙也不无道理,但绝不是出自戈裕良之手。需要指出的是,徐仁山构园之时戈裕良已经作古。

别具匠心盘谷景

　　小盘谷园景在宅园的东南,园门前以火巷将住宅厅房与园相隔。园内以花墙和游廊又将该园分割为东西两个庭园。占地虽小,却小中见大、以少胜多。在有限空间内,叠山筑池、变幻景观,构造无限空间;峰亭池阁、游廊曲径,增添幽深意境。我国著名园林专家陈从周先生在《扬州小盘谷》一文中对小盘谷园景作了贴切的概括:"以建筑物与山石、山石与粉墙、山石与水池、前院与后园、幽深与开朗、高峻与低平等对比手法,形成一时难分的幻景。花墙间隔得非常灵活,山峦、石壁、步石、谷口等的叠置,正是危峰耸翠,苍岩临流,水石交融,浑然一片,妙在运用'以少胜多'的艺术手法。虽然园内没有崇楼与复道廊,但是幽曲多姿,浅画成图。"

峰峦叠嶂九狮山

　　小盘谷园内假山峰危山险,苍岩探水,树摇清影,溪谷幽静。九狮山在园的北首,用湖石山子以绝壁危径高耸于池边洞室之侧。湖石多有突兀变幻,形态各异,令人遐想。进入谷洞,穴窦星罗,疏透天光,无局促之感,觉幽凉之意。石桌石凳,可闲落棋子。北出洞口,石壁陡峭,临水断岩,石壁嵌汉白玉,额题"水流云在"。步石崖磴道逶迤山顶,山顶植黑松,单檐攒尖式顶六角风亭半掩于山峰之巅。登亭尽收全园美景,临水则可濯足垂钓,好不惟适之安。

　　关于园中九狮山的来历,园林专家陈从周教授曾在《园林谈丛》中这样写道:"据旧园主周叔弢丈及煦良先生说,小盘谷的假山一向以九狮图山相沿称,由来已很久,想系定有所据。"周叔弢是周馥之孙,周煦良是周叔弢堂侄,两人都在小盘谷长大,对小盘谷一石一木十分熟悉。陈和他们均有往来,所以陈从周如此描说不无道理。他又进一步引用李斗

九狮山

《扬州画舫录》所载"淮安董道士叠九狮山,亦籍籍人口"(卷二),"卷石洞天在城闉清梵之后……以旧制临水太湖石山,搜岩剔穴为九狮形,置之水中,上点桥亭,题之曰'卷石洞天'"(卷六),并引《(光绪)江都县续志》卷十二记片石山房云:"园以湖石胜,石为狮九,有玲珑夭矫之概。"为此他认为"当时九狮山在扬州必不止一处"。小盘谷"即使不是董道士的原作,亦必摹拟其手法而成"。前面提到的何园片石山房也曾被何园主人称为"九狮园"。李斗的《扬州画舫录》成书于乾隆六十年即1795年,可见董道士垒九狮山必在1795年之前,其时,秦氏小盘谷亦尚未建成,或刚刚建成,而《扬州画舫录》

写到大树巷时,并未介绍大树巷有小盘谷或九狮山。因此可以断定大树巷周氏小盘谷是在《扬州画舫录》成书后即1795年后所建,更非董道士所垒。正如陈从周所言,小盘谷在构园时只是参照了扬州园林的佳作而建成。以徐仁山当时建园时的实力和情趣是极有可能也是完全可以做到的。

到小盘谷赏游,我们当然可以细细观摩,一一细寻那九头狮子的不同形态。那九头狮子到底所指何处?游客所见,也各有不同。但当春夏之交,常因草木茂盛,遮掩山形,或因年代久远,山石形态有所改变,游客往往难见九狮之形,于是有"冬日积雪之时,方见九狮之状"的说法。其实也不尽然。我们到小盘谷赏游,细寻那湖山峰石是否真的状如九狮之时,只能意会,不必深究其形似。正如朱江先生在其《扬州园林品赏录》中所言:"李斗所写'卷石洞天'之'九狮山',也只是作了'矫龙奔象,擎(惊)猿伏虎'等气势的形容,何尝有一字提及何处像个狮子。""如果把气韵当作形似,不免就要落入俗套。"我们在赏玩之际,尽可展开自己的想象,去体会城市山林之美、之幽、之趣。

群猴闹寿献春瑞

　　走进园门,园南首紧靠院墙原构筑一组湖石假山,是为南山。山不高,若冈,但蔚为壮阔,再仔细看,则见满山群猴嬉闹,生动活泼、惟妙惟肖。小盘谷整修后,这一组湖石假山体量加大,虽保留了一些群猴闹寿的意味,但略显松散。从南山向东则是分割东、西两园的游廊粉墙,廊西壁南沿设垂桃形门。桃蒂叶梗在上,桃尖在下,以蒂叶作门额,堆塑"丛翠"二字。桃门前南侧,兀立约两米高的灵璧石,状如笑容可掬的老寿星。松、鹤、桃、猴、南山、寿星,自古以来都是中国传统福寿文化中常见的重要角色。猴给人带来活泼、欢乐、喜气洋洋的氛围,又因为猴喜好桃,"桃寿"又与"讨寿"同音,猴成为庆寿的主角也就不奇怪了。现在我们从出土的古代玉雕、木雕中就可见群猴闹寿、猴桃献寿的玉饰、摆件。齐白石老先生则画过不少吉猴祝寿的画,直到如今"寿猴"仍是书画家笔下常见的题材。1992年壬申年生肖邮票的图案就是"猴桃瑞

花厅南山群猴闹寿

寿"。我们通观南山群猴闹寿、桃门福寿、寿星长寿这一组构筑和景观,不难得出"群猴闹寿献春瑞,南山不老祝寿星"的意趣。我们还可以推想,当初这南山之上一定是植有青松的。

前面我们曾提到"小盘谷"之名果是徐仁山所命吗?从我们现在所见到的群猴闹寿这一组山石构筑来看,徐仁山当年筑园时又恰好年近六十,说他有构园祝寿的意味并不为过。而周馥就在迁入大树巷小盘谷前一年刚在泰州寓中度过六十岁寿辰。他在《年谱》"光绪二十二年丙申六十岁"条中记载:"时寓扬州后移寓淮安府城……五月十九日移寓泰州,十一月儿辈聚泰寓祝寿。"在大树巷宅园里我们还可以在不少砖雕、木构中看到不少福寿喜庆的装饰。这些和取名"小盘谷"幽静、雅趣的旨意似有不合，但这是否恰又说明了两位园主人当年在小盘谷宅园的不同心态？因此，笔者以为由此似也可推断，大树巷宅园当为徐仁山所建，而由周馥命名为"小盘谷"是极有可能的。

花厅水榭幽曲廊

小盘谷园林呈一狭长形构筑。主体建筑花厅按曲尺形布置,与峰峦叠嶂九狮山相对,中间隔一池碧水。花厅一面贴墙,靠墙面为硬山顶,临池一面为歇山顶,屋顶错落有致。花厅三面环景并建回廊,廊用菱角轩。厅侧建一水阁凉亭,半突于水,以卷棚式游廊与厅相接。游廊环厅绕阁,贴壁临水,乘势而弯,蜿蜒向前,步移景易,充满雅韵。为便于在花厅品茶赏景,花厅全部使用大窗玻璃采光,在上部以方窗组合,横楣窗格尚保留当初安装的进口彩色玻璃。据周氏后人介绍,周馥在花厅接待过不少亲戚朋友,也喜欢在凉亭焚一炷香,品茶听琴。园之北端原屋圮毁,后筑双层曲尺小楼。楼前小庭院植玉兰、海棠,另有古井一口,系构园时旧存。

水池以湖石驳岸,曲折有致,且架空形成孔穴,若流水侵蚀,尽显古朴。水阁凉亭北侧水面上有三曲石板小桥,一头连着湖山石壁洞口,一头连着楼前庭院。石板小桥无栏杆,移步

花厅和水阁凉亭

其上，人需垂首，便见水天云影，让人闲散愉悦，身心融于绿荫翔鱼之间。

水池向北，渐窄，从北面湖石高处有流水淙淙若溪流，给人以曲水悠长之感。溪流上方石壁题有"水流云在"石额，石额下水面有块石衔立，断续相间，似桥非桥，名为"掇步"，古亦称"约略"，又俗称"石汀步"，实为桥用，取法自然，犹若摸着石头过河之意。从北洞口出，经"石汀步"可到"水流云在"下方的贴壁石廊，幽曲而险峻。

因园中幽静，曾有黄鼠狼在湖石假山的洞口出没，按扬州人的风俗，黄鼠狼被认为是狐狸仙。如狐狸仙作祟闹事，就会

"水流云在"贴壁假山和步道

败坏家业。所以,狐狸仙被扬州人尊称为大仙老太爷。周家曾在假山洞口,甚至在堂屋中梁上都曾敬奉过大仙老太爷。周氏后人来小盘谷时对此尚有印象。周启成先生还对笔者说过:"据上代传说,有一次周馥站在金鱼池前,从假山山洞内走出一个老者,称周馥'大帅',与周馥谈了一会,然后返身回入洞内,周馥觉得此人气度不凡,很有见解。即命人去找寻,却再也找不到了。"这似乎印证了周馥入住小盘谷不久,就应李鸿章之邀奉召出山,最终荣升一品大员、封疆大吏。

山顶六角亭之东南有叠落式游廊,俗称"爬山廊",六角亭的飞檐翘角与游廊相接,循山而下,延伸至平地与复式游廊东侧相接。这种山亭与游廊相接自然、美观的巧妙构筑，在扬州城市园林中也是独具一格。通观游廊，左右曲折，高低起伏，正如构园大家计成在其《园冶》中说："廊者，庑出一步也，宜曲宜长则胜"，"随形而弯，依势而曲"。廊既具实用性，更是园林中装饰性景观。小盘谷游廊则是最具扬州园林艺术特色的典型。游廊中间以花墙相割而成复廊。花墙也是扬州园林中富含审美意趣的墙。花墙上巧设形式多样的花窗，有透空式、拼花式。透空式又分全透、半透；拼花式也称什锦式，常用水磨砖或细瓦拼出各式图样或几何图形。窗框的形状则更是举不胜举。花窗在园林中扮演着极其重要和独特的

垂桃形园门和复廊

作用。小盘谷游廊花窗形制多样,有六角形、书卷形、海棠形、扇面形、口子形的全透窗,有拼花式的各式漏窗,组成连续的花窗景观,一眼望去,充满鲜活的情趣。花墙透窗把东西两园似隔非隔,透景相连,步移景换,引人入胜。

出湖山石壁南向洞口,先是一方小天井,曾垒峰石、植芭蕉,好一幅水墨蕉石图!这就是园林中常作点缀之用的小品之作。在小盘谷还有多处,但此处小品可称佳绝之作。惜现在有所改变。人从洞中出来,虽在小天井的方寸之间,但感清新天地,淡雅秀气。小天井南墙上部饰有砖雕缠枝如意纹饰;东有长方门与东园相通,门额题有"云巢";南有花瓶门和复式游廊西侧相接,门额题有"花淑"。让人联想到在这方寸天地里,白云常驻,繁花临水。构园者将峰、谷、洞、门、天井、花窗、游廊连于一体,游廊另一端又有桃形门,这独具匠心的设计,在扬州园林中绝无仅有,此园此景,游者绝不可忽略。

疏朗野阔丛翠园

过"丛翠"桃形门，或是从山顶六角亭之东南顺爬山廊循山而下，即入小盘谷东园，亦称"丛翠园"。沿游廊向南，有花厅之侧门，额题"通幽"，入内即东园南首的花厅。花厅三楹，厅前庭院筑水池一方，池中睡莲绽放、锦鲤穿游。庭院周边植花草丛竹，此处会客更具宁静私密。也许正是出于幽静私密、无赏景之需的考虑，花厅三面为墙，一面采用槅扇门窗，和西花厅三面全是大窗玻璃的建构，完全是不同的风格。

入"丛翠"之门，考"丛翠"之意，丛竹摇翠、花木扶疏、苍松虬枝之谓也。入园可见多处翠竹峰石点缀，花厅庭院，亦有修竹翠掩。构园者仅在东园最南端建一花厅。改建后在北端新添置一小方厅，名为"桐韵山房"。进入东园，原可见大片旷野，仅点缀些许花木丛竹，让人游罢紧凑、致密、幽深的小盘谷西园，跨进东园，就产生强烈对比，顿生胸襟开阔之感。眼前的绿地缓坡、山石散乱，又给人山村野趣。东园东、

小盘谷雪景

北两侧,绵延数十米龙脊围墙,若龙游云翔,为东园的开旷疏放更添壮观。现园中植树略多,且稍觉高大,需仔细观赏,才可见绵延周边的龙脊围墙。

朱江先生在《扬州园林品赏录》中颇有见地地品评东园之构:"这正如清人宋介三在《休园记》里所说,'构园亦如画法,不余其旷则不幽,不行其疏则不密,不见其朴则不文'也。周氏小盘谷作'丛翠'之构,正是这种'余其旷''行其疏''见其朴'的画家笔触。"东园整修后,现植树木略嫌偏多偏高,已欠疏朗开阔之感,似有失构园者本意。

多彩雕饰技艺精

　　扬州的宅园常采用砖雕、木雕、石雕来装饰门、厅、堂、廊。装饰多体现"福、禄、寿、喜、财"及其衍生的如意、吉祥、多子、平安等题材。题材的图案则常采用：以"蝙蝠"表"福"；以"鹿"表"禄"；以"鹤、松、桃"等表"寿"；以"元宝、银锭、铜钱"等表"财"；以"爆竹、锣鼓、花卉"等表"喜"；以"龙、凤、麒麟、牡丹、海棠"等表"富贵、喜庆、吉祥"；等等。此外，更有用各种书体的汉字直接表意的。

　　小盘谷宅园的各种砖雕、木雕、石雕都很精美，形象生动，特别是砖雕，采用了浮雕、镂雕、浅刻等不同技艺，当属扬州宅园中清代遗留的精品。宅园门额的题字则采用行、草、篆、隶等不同的书法风格。

　　进入大门后，庭院中的仪门，为三重叠置飞檐六角锦匾墙，磨砖砌筑。门的上首额枋中部浮雕双龙戏珠，欢庆腾跃，其龙尾变幻为卷草芳花如意纹，两下端对称雕刻蝙蝠纹，蝙蝙身连绶带飘逸,翻卷似如意祥云。额枋左右两端浮雕为卷草芳花如意纹,对称围合银锭各一枚,架笔一支,意含"必定发财""必定如意"。门上两角端浮雕棋、琴、书、画。

过月洞门,入小盘谷。门旁墀头和对面游廊南墙墀头,砖雕凤戏牡丹,凸立墙面,凤舞花展、腾跃欲出,十分精美。据赵立昌先生介绍,该组砖雕雕刻手法、风格、造型与扬州岭南会馆西路建筑门楼垛头上一组高浮雕凤戏牡丹十分相似。这种凸立墙面的高浮雕凤戏牡丹在扬州仅有这两处。赵立昌先生认为应属同时期作品,甚至说就是出于同一工匠之手。果如此,这也可印证小盘谷的建造时间。前面说到,小盘谷大约建于光绪七年(1881)前后,而岭南会馆现存的门楼修建时间有碑文可考,是在光绪九年(1883)。可见,这组砖雕为我们

园门边墙墀头凤戏牡丹砖雕

花厅歇山的砖雕

提供了小盘谷建于光绪七年前后的物证。

　　再细看西园花厅朝东歇山一组砖雕，更为令人叫绝。歇山顶端雕蝙蝠展翅，口衔篆书"圆寿"，寿字下方系绶带，将双钱、双鱼串入。钱上浅刻"太平"，钱下垂双丝结须。其中"圆寿"以镂雕手法雕出。圆寿两旁雕麒麟一对，昂首目视圆寿。麒麟四足与其尾幻化为缠枝如意纹。若将这一组歇山砖雕，与前述园内的"群猴闹寿""丛翠桃门"和"老寿星"景观相联系，其祝寿的意味则更浓。而且"福、禄、寿、喜、财"都齐全了。

　　前述九狮山南洞口小天井中，南墙"花淑"门上部的砖雕贴壁也十分灵动精致，给小天井也增添生气。

　　小盘谷宅园内的石雕，现仅存仪门石鼓一对。石鼓上雕

有"卍"形万字文饰,俗称路路通。木雕则可见于门扇、窗格、梁柱等,有蝙蝠、寿桃、如意、海棠等图纹,有长寿、圆寿等字形,也有十字如意、十字海棠、十字套方、十字拼花等结构。

从这些精美的技艺中,我们可以领略到扬州园林住宅的主人,把宅园的实用功能和修身、齐家的人生理念、崇尚圆满的审美倾向完美地结合在一起。

宜居怡人盘谷宅

　　扬州大树巷 42 号(原为 56 号、62 号)的宅第,因其宅园小盘谷的秀美幽静、雅致精巧,而以"小盘谷"之名扬名于世,但其主要功能仍是居住宅第。游小盘谷,不游住宅,不能完整体悟园主人那种崇德尚礼、诗书人家的居家理念。

　　小盘谷住宅部分以火巷与小盘谷宅园分割。宅园在东,住宅在中、西两纵轴线,俗称两路。前后主房各五进。宅第原八字磨砖门楼及相连排房已改建。门楼对面尚存一字形照壁。照壁中部用斜角锦方砖砌成。跨入大门,是青石板铺地的庭院。迎面墙上现已复建砖雕福祠一座。福祠也叫福德祠,俗称土地庙。福祠像一座小庙宇,一律用水磨青砖砌筑在迎门的墙上,并饰有砖雕,精致而庄重,前面多一平台,用来供奉。福祠里供奉的是土地神,祈求他保佑家人宅居的平安。墙西设仪门,入仪门为照厅,此为中路住宅前后五进;现仅存老屋三进。仪门前庭院西侧花墙有月门一道,额题浅刻"听竹"。现已将"听竹"

门额移入东园内,而改为"听泉"。入内即西路前后五进的住宅。

扬州老宅一般讲究风水,主房建筑要"负阴抱阳",家族方可兴旺发达。小盘谷的住宅也都是坐北朝南。在扬州盐商鼎盛的当时,其门楼和住宅虽算不得豪华气派,但也十分宜居怡人。

周馥在接受扬州大树巷42号的宅园后,将其宅产归于"孝友堂"名下。孝友堂是周氏祠堂的堂号。其最先设在周馥的祖籍地安徽建德。孝友堂是用于祭祀祖先的场所,并兼有处理祠堂资产、祭祀活动等事务。在周馥自著《年谱》和其子周学熙《自叙年谱》中,除记载1925年周学熙建天津周孝友堂支祠外,周氏从未在其他地方再有孝友堂之称。但这不妨碍周氏在各地的地产、房产、收藏等归在孝友堂名下。对此,周馥后人也给予了肯定。因此,大树巷宅园和周氏其他田产、房产、书籍、收藏等资产一样,虽归属孝友堂名下,但不能就将大树巷宅园称为"孝友堂",更不宜在厅堂悬挂"孝友堂"牌匾。

点石栽花宜人居

　　中路住宅从入仪门起前后五进。前为照厅,第二进为正厅,厅堂三楹。一般来说,正厅用于礼仪、叙事、处理家中内外重大事务和正规接待的场所,是住宅中体量较大的厅堂。该正厅面阔 12.2 米,进深 8.85 米。厅前两旁置廊,分别有门通东路的小盘谷和西路的住宅。第三进为内厅或称女厅,也称上房,是主人的居室。其内厅为楼厅,上下六间,左右厢房各两间。据周馥后人说,周馥吴氏夫人去世后,楼厅一进曾作为家塾教书之用,其孙辈不少人都在这里接受过家塾教育。楼厅后院间距较开阔,原来也曾垒石植树,有花草点缀,与第四进的小花厅相配。这里的小花厅主要供主人小憩之用,现已不存,在原址新建了一栋二层小楼,作客栈使用。第五进披屋三间,也已不存。中路厅堂两侧各有火巷与东、西路园、宅相隔。东路火巷中部设长六角门,额题"霞韬",与小盘谷宅园相接。

正厅堂屋

西路住宅前后主房也为五进。每进既可通过前后相邻两进客厅中间的腰门贯通，也可关闭腰门，由火巷中独立开设的边门进出，使每进都可成为独立的居所。前四进独立开设的边门，都题有门额，从第一进起，分别为"听竹""迎春""朝晖""向阳"。但不知何故，整修后题额分别改为"听泉""观鱼""问松"，而后两进则已拆除不存。

"听竹"月门入内是第一进一顺五间。其前为一小花园，正对门植蜡梅一株，已有百年，每当严冬，满树冰心玉蕊，芳香四溢。另有花石翠竹点缀，十分宜人。第二进东门接中路

宅居小庭院

主厅西廊,入内朝南为"明三暗五",即三间两厢两套间。前置步廊,两套间前设小天井,筑小花台,或花木或修竹,简略清雅。第三、四两进,其格局和前进相仿,但都有改建。第三进两厢已拆,在西梢间向西原接一间套房密室,与梢间以院墙相隔,院墙开六角小门,额书"洞天",入内方到密室。套房前亦有幽静小院,现也改建不存。第四进在西梢间前置院墙向西院墙开葫芦状小门,额题"揽月"。入内,又接套房两间,房前同样置小天井一方。第五进原为一顺八间,相隔成两个院落。现后两进已改建为客栈,并与小盘谷隔开。

综上所述,这一路住宅,每进既可独成单元,前后两进又能分能合。每进均有庭院,或天井。因为每进都比较大,庭院或天井的尺寸比扬州通常"一颗印"式建筑的三间两厢的天井要大得多,最长有 17.4 米,更显通风透亮,不仅可点石栽花,也可植树构园,十分宜居。惜后因建招待所、会馆客栈,各进均有改动。有些改动已失去原貌,比如有的庭院、天井,全用水泥浇筑,甚至设置喷泉,完全没有了当初的宜居韵味。最可惜的是,把第一进原"听竹"庭院中百年老蜡梅移往别处,竟致枯萎。

帝后赐寿福寿堂

　　现在小盘谷住宅正厅的厅堂上悬挂着"风清南服"的匾额和"粤海波澄资上略,蓬山春霭眷长年"对联一副。这是慈禧太后为周馥七十寿辰赐寿的仿制品。上联是对其参与平定太平军及其才智谋略的褒奖,下联是对其长寿如春的祝福。不过,周馥的七十寿辰并未在扬州度过。

　　周馥在扬州小盘谷颐养天年的愿望并未能实现。光绪二十三年八月刚移居小盘谷,次年十一月即受刚刚复职的李鸿章敦请复出,赴山东济南协助其治理黄河水患。经三个月的全程考察后,周馥代李鸿章拟写了两道奏折,分析了黄河屡次溃决的原因,提出了详实可行的治理方案。光绪二十五年二月抵京,受光绪、慈禧的召见,八月受任为四川布政使。光绪三十年(1904)署两江总督。1906年七月授闽浙总督,未赴任,十一月周馥交两江总督印,年底赴广州任两广总督。在此期间,周馥常到小盘谷家中。慈禧太后、光绪为周

《建德尚书七十赐寿图》封面

馥七十寿辰赐寿时,周馥尚在两广总督任上。慈禧赐有"风清南服"的匾额和"粤海波澄资上略,蓬山春霭眷长年"对联一副,牡丹中堂一轴。另赐长"寿"字一轴,"福""寿"字各一方,无量寿佛一尊,嵌玉如意一柄,蟒袍料一件,大卷江绸缎八匹。光绪皇帝赐有"福""寿"字各一方,无量寿佛一尊,嵌玉如意一柄,蟒袍料一件,小卷江绸缎十六匹,并附有寿堂图。当时的一些权贵大臣及他的学生都有贺寿,其中就有后来当过民国总统的袁世凯等,可谓荣耀至极。周家曾把慈禧、光绪赐寿的物品及权贵名人的贺礼制成《建德尚书七十赐寿图》图册。在小盘谷也曾保留有该图册。解放初,在小盘谷里住过的房客就曾看到过。

寿堂图是周馥接受慈禧、光绪赐寿后,将慈禧、光绪所赐寿品在寿堂的布置图。图中可见,寿堂上悬"风清南服"匾额,堂左右挂"粤海波澄资上略,蓬山春霭眷长年"对联,匾额下方挂牡丹中堂一轴,中堂左右是"福""寿"字各一方,中堂前台案上供奉御赐无量寿佛,无量寿佛左右各有两个烛台,寿烛高燃。

"风清南服"匾额及对联

寿堂图

扬州小盘谷

慈禧赐无量寿佛、玉如意、牡丹中堂

慈禧赐"福"字、"寿"字

光绪赐无量寿佛、玉如意、"福"字、"寿"字

蟒袍、大卷江绸

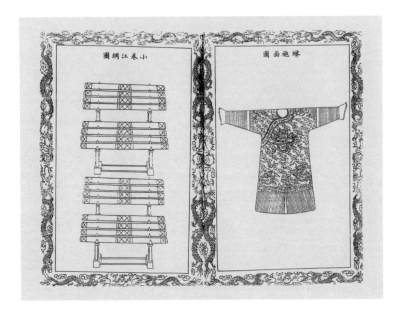

蟒袍、小卷江绸

堂前左右各竖一赐寿立牌。堂前两侧摆放慈禧、光绪赐寿的各种赏品。厅堂地铺福寿如意纹地毯，厅堂顶部装饰圆"寿"字天花板，左右各悬吊六只写有圆"寿"字的长圆形宫灯。整个寿堂看上去庄重、喜庆。周馥七十寿堂当时虽未在小盘谷宅园布置，但现在也不妨按寿堂图陈列，重现清代重臣当时庆寿的盛况。

周馥收到赐寿后，给慈禧、光绪分别上奏了谢恩奏折，敬示他对"风清南服"及那副对联的领悟和对赐寿的感激，表示"逾格之隆施，悉非平生所敢望用，励臣工于晚节"。1907 年，周馥时年 71 岁，奏请辞去两广总督后回到扬州小盘谷。吴氏病故后，因其长子周学海已先于其母病故,周馥居芜湖,往来扬州,后定居天津。据周馥后人来扬时向笔者回忆周孟芬大姐曾对她说过,周馥从两广总督任上辞退后,曾将慈禧赐寿"风清南服"的匾额和那副对联及"福""寿"匾悬挂于大树巷宅邸的厅堂。直到"文革"时才被人摘走。但也有人说,因那匾额和对联涉及对太平天国运动的镇压和评价,在国民革命风起云涌时,其后人即不再悬挂。

家学渊深人辈出

　　周馥十分重视教育子孙读书做人,在家设有私塾,以重资礼聘宿儒任教,为子孙将来步入社会打好基础。周馥在七十三岁时把他平时教育子孙如何读书做人的感悟,记载在他所写的《负暄闲语》中。该书略仿《颜氏家训》,分为读书、体道、处世、待人等十二大类。周馥要求子孙"即以此为遗训,随时参悟,以助学力"。周馥后人在政治、经济、文化、艺术各个领域也确实出了一大批杰出人才。

　　自周馥长子周学海1891年赴扬州定居,周馥家族在扬州留下了众多足迹。其中尤以1897年周馥、周学海父子定居扬州小盘谷宅园后,周馥家族与扬州更结下了不解之缘。现仅对周馥家族与扬州小盘谷联系较多的家族成员的情况作一介绍。

　　周馥应李鸿章敦请复出离扬后,大树巷小盘谷宅园即由其长子一房承继。其长子周学海(1856—1906)于光绪十八年与其弟周学铭同榜得中进士。曾署扬州河务同知,后署清江,因功效明显被赏戴花翎加二品衔，又先后任江苏候补道、浙江候补道。后遵父嘱，回扬州经营盐务，并钻研医术。先后寓居东圈门、南河下，光绪二十三年随父定居小盘谷。

周学海博览历代医学名著，广研前贤医案，尤重校刊和评点历代医学名著。著有《脉义简摩》等6种医书，并校订刻印古医书12种，编著《周氏医学丛书》。其夫人徐氏，随夫迁扬，于1909年病逝于扬州小盘谷宅邸，周学海的子女也均来扬州治丧吊唁。在丧事料理完毕，即将各赴东西前，兄弟姊妹十人曾在小盘谷东园一侧留影。周学海有五子七女，其中有三子二女生于扬州，并在小盘谷长大。其长子周达、次子周逵虽不在扬州出生，但于1891年均随父移居扬州，都曾在小盘谷居住过。

长子周达（1878—1949），原名明达，字美权，号今觉，是中国现代数学研究的开拓者和先驱者。清光绪二十六年（1900）曾创立扬州知新算社，它与浏阳算学社是我国清末最早、最具影响的两个数学社团。其著述论文有十多种。他也是中国早期主动走出国门，研究西方数学，并带回大量现代数学书刊的学者，1903年还石印出版《调查日本算学记》。并曾发起创办中国科学社，与南通张謇被推为名誉会长。还曾创立、参加中国数学会并任董事。周今觉还是世界知名集邮家，是集有中华珍邮"红印花小字当壹圆"的中国第一人。1925年参与发起成立中华邮票会，一直任会长，并主编《邮

乘杂志》。他在撰文中立志使"华邮见重于世界"为己任。曾被英国皇家邮票会吸收为会员，并多次受聘担任国际邮展评审员和理事，被誉为中国邮王、中国集邮界的泰斗。周今觉还曾受到美国总统罗斯福的访美邀请，后因身体惮于远涉重洋，未能成行。

周达在小盘谷居住期间，常与扬州当地的文人墨客聚会，或品茗吟诗雅集，或鉴赏交流各自收藏，甚至连天不断。他在《挽宣古愚》诗前的序中写道："古愚畸人也，富风趣，善雅谑，癖好与人殊。素健步，不喜乘车。尤恶摩托车，从未与余共载，谓其险也。家素封而衣履垢敝如村氓。斗室中乱书抛置，积尘不扫。畏余斋精洁，不能随意涕唾，经年不一莅。旬余前忽见过，谈笑甚欢，不意遂成永诀……光绪中叶，余居扬，有茶肆曰茗园者，西侧一专室为文人墨客集会之所。当时同游者古愚外有陈孝起、何子琳、刘申叔、方地山、泽山、吴董卿、王育仁、佘雨东、张丹斧约十余辈，靡日不聚，并一时俊彦……"周达所列皆扬州当时的名流，在当时也都是二十岁上下的年轻人，宣古愚算是最年长的了，也不过三十左右。可见周达和他们之间的茗吟切磋，交谊非浅。这些人也难免没有去过小盘谷。

次子周逵（1890—1968），原名明逵，字仲衡。在扬州居住10年，也曾在小盘谷住宅生活。毕业于美国路易斯费尔大学医学院，是著名医学博士。1915年回国，曾执教于上海圣约翰大学并兼任上海同仁医院外科主任。著有《普通治疗法》一卷。

三子周叔弢（1891—1984），排行名明扬，后改名暹，字叔弢，生于扬州。周馥接受小盘谷后，周叔弢即随祖父、父亲入住小盘谷，在家塾接受教育。课余还经常到辕门桥（今国庆路南口）书肆觅购他感兴趣的各种书籍。后曾考取上海圣约翰大学，因患肺病未能去报到，留在小盘谷养病。1912年民国建立，他憧憬未来，携带父亲故去所分遗产离开扬州。先到青岛、上海，1914年定居天津，走上他四叔周学熙所创办的实业道路。他在小盘谷生活了近20年，将小盘谷称为周叔弢故居也不为过。

周叔弢是我国著名的民族实业家。曾历任唐山、天津华新纱厂经理，启新洋灰公司总经理，滦州矿务局、耀华玻璃公司、江南水泥厂等许多企业的董事，是我国北方民族工商业代表人物。新中国成立后，他积极拥护党和政府的各项政策，并率先实行公私合营。曾先后出任天津市副市长，天津市人大常委会副主任，天津市国际信托投资公司董事长，中国佛教协会常务理事、名誉会长，第一、二、三、四、五届全国人大常务委员会委员，全国工商联副主席等。"文革"中虽遭严重迫害，仍对中国共产党、社会主义坚信不疑，受到周总理的关怀和保护。周叔弢不愧为忠诚的爱国主义者、中国共产党的亲密朋友。

周叔弢也是古籍文物收藏家，一生苦心收藏的宋、元、明、清精椠和名钞，精校的珍本等古籍，据不完全统计达三万三千

余册。还有敦煌经卷200余卷,战国、秦、汉古印900余方和元、明、清名人书画多种,这些宝贵的文化遗产,先生从1949年起至1982年悉数将自己的收藏捐赠给了国家,分别藏于北京图书馆、天津图书馆、天津艺术博物馆和南开大学图书馆。1950年又将家祠孝友堂收藏的三百八十余箱六万余册书籍捐赠给南开大学,同时捐赠国家的还有孝友堂名下的厅房数十间,地三十余亩。

周叔弢曾筑自庄严龛用于藏书,并以勘书图卷子嘱其兄周达题诗。周达应嘱题有《题自庄严龛勘书图》绝句八首。其五写道:

> 共住东西屋两头,丛残尽被六丁收。
>
> 卅年却忆汤盱子,冷肆摊书伴我游。

诗后有自注:

> 戊申居扬不戒于火,先世藏书尽毁。汤伯和扬州文枢堂书肆主人,熟于版本之学。有厂肆大贾老韦之风,其精核居奇亦类老韦。目近视,人以汤盱子呼之……

从诗和自注中可见,周叔弢和周达曾同住小盘谷。小盘谷曾于戊申年(1908)发生过火灾,藏书烧了。建筑是否受损,诗中未明确。我们还可以看出，周叔弢兄弟在扬居住期间，都常去文枢堂书肆，并和汤盰子熟悉。汤盰子当时被称为扬州的"三绝"之一。

1963 年春，周叔弢考察园林绿化与文物保护而回到扬州。参观了博物馆、史公祠、普哈丁墓园，并专程到小盘谷探望，并对小盘谷的保存维护提出了许多宝贵建议。周叔弢有着深厚的扬州情结，他说扬州话，喜欢吃扬州菜，尤其对小盘谷的一木一石、一厅一廊，无不留下不可磨灭的印象。返津后，他向扬州捐赠了《韩江雅集》十二卷，该书版本精良，系原刻初印，是扬州地方重要文献之一，现存扬州博物馆。

四子周进（1893—1937），字季木，生于扬州。五子周云，字祥五，号静斋，1897 年生于扬州小盘谷。和其兄周叔弢一样，他们自幼便在小盘谷家中进家塾读古文、习英文，对小盘谷也情有独钟。周进后来成为我国著名碑石、文物收藏家和鉴赏家、书法家，其子女将其珍藏的汉晋碑石等文物全部无偿捐赠给国家，现保存于中国历史博物馆。周云后来则研习工程学，曾引进德国设备，开设灯泡厂，后又开设过"志诚银号"，并热心于故乡风土历史文化的研究，著有《建德风土记》十三卷。

周叔弢的外甥、周进的大女婿孙浔（孙浔母亲周津午是周叔弢胞姐），字师白，姐弟三人幼年丧母后，由周叔弢接到小盘谷生活，入家塾学习。后一直带在身边，直到他们考上大学。

孙师白上海交大毕业后从事硫酸工业,在当代化工行业与侯德榜齐名。其女周启康曾于 2014 年来扬,在小盘谷参观时曾动情回忆她父亲曾对她描述的在小盘谷家塾读书的情景。

在扬州小盘谷出生的,除周学海的五子周云外,还有两个女儿。周学海去世后,扬州小盘谷即由其长子周达承继。周达的长子周震良、次子周煦良、三子周炜良、长女周孟芬和孙周启成、周启申等也都在小盘谷出生或生活过。

周震良是山东工学院电机系教授。周煦良为华东师范大学教授、国内著名翻译家、作家。他曾与傅雷主编《新语》半月刊,和邹韬奋曾有见面晤谈。翻译过《福尔赛世家》三部曲等多部著作,并有《周煦良文集》(七卷)问世。曾任中国作协上海分会书记、上海政协副秘书长、第五届全国政协委员、民进中央常务委员、民进上海市委副主任等职。周煦良还继承家父的集邮事业,也是我国知名的集邮家。其次子周启申幼年也曾在小盘谷居住,后为上海机床公司高级工程师。

周炜良(1911—1995)是与陈省身、华罗庚齐名的国际著名数学家。我国数学大师陈省身在《纪念几位数学朋友》中称他为"国际上领袖的代数几何学家。……中国近代的数学家,如论创造工作,无人能出其右。"周炜良曾任职南京中央大学教授,并被推选为中央研究院院士,后赴美国霍布金斯大学任教,担任系主任,创办了美国最早的数学杂志,并任总编。

周启成，浙江大学古籍研究所教授，对庄子学术研究颇有造诣，曾出版古籍整理和研究方面的著作多部。2005年他在给笔者的回信中称：

　　1942—1946年间，我曾在大树巷祖宅住过四年，虽才四至八岁，然小盘谷旧游之地，印象颇深。

　　周孟芬长期居住在小盘谷，为周代家族中最后离开小盘谷的后人。原适李姓，后改嫁扬州原妇幼保健院儿科主治医师，原市政协第二、三、四届政协委员，著名医生许汉珊。

　　上述在小盘谷出生、长大或生活过的周氏后人，大都为周馥长子周学海一房。此外也在小盘谷生活过并与小盘谷关系密切的人，还有周馥四子周学熙、六子周学辉二房。

　　周学熙（1866—1947），字缉之，号止庵，是我国近代工业开创人之一。光绪十九年乡试中举。1898年被北洋大臣裕禄委任为开平矿务局会办、总办。曾先后开办直隶银元局、直隶工艺总局，在唐山创办了我国最早的大型现代化水泥工厂启新洋灰公司。此外，他还曾创办过滦州煤矿、造纸铁工厂、教育品制造所、京师自来水公司、高等工业学堂，倡设中国实业银行，还在天津、青岛等地开办纱厂，在中国近代史上有"南张北周"之说（南张指江苏南通张謇，北周则指周学熙）。民国时期，周学熙曾两任国民政府财政总长。因反对袁世凯

称帝而被软禁，直至袁世凯死后，才获自由。

周学熙在其《自叙年谱》中曾记述，1895年由保定奉母南下后，在扬州南河下曾赁屋居住。此间常与天宁寺僧游。寺僧小航还曾授其抚琴。两淮盐运使方濬颐曾在《高山流水·题小航上人画像》词中对寺僧小航有"携着一囊琴"的描述，并称其为"丹青手，饱蘸松烟。工吟咏"。《（民国）江都县续志》卷二十六中也指称其为"雪航弟子，工画山水、人物，兼善鼓琴"。40年后，周学熙忆往事曾作《四十年前常游扬州僧舍，至今思之，恍如隔世》和《辛未正月过津旧寓，登楼，见辛卯扬州所得旧琴，匣破尘封，琴囊有僧小航画山水，感赋》。诗中写道：

> 废巢燕去偶登楼，琴匣尘封断未修。
> 四十一年惊昨梦，寻僧论画到扬州。

可见，周学熙不仅向小航习琴，还和他成为诗词书画的文友。

周学熙次子周明焌（1898—1990），字志俊，号艮轩，是爱国实业家，曾任山东省人大常委会副主任、第六届全国政协委员、山东省工商联主席，曾在上海创办包括银行业、纺织印染业的大型企业集团——久安集团。生前也曾到过小盘谷。其子周榘良为甘肃建筑科学研究所所长、总工程师。2005年夫妇二人曾携女周小娟（时任甘肃社会科学院开发研究编辑部主编）专程来扬，到小盘谷参观、摄影留念。

周志俊女儿周幼玲1971年到扬州，在江苏农学院工作8年。在扬州期间，曾常随周孟芬到小盘谷。2005年，也曾陪同其兄周榘良一行到小盘谷。我在陪同他们参访期间，她对周孟芬告诉她小盘谷悬挂慈禧匾额的情况也记忆犹新。

周学辉（1882—1971），字实之，号晦园。1903年考中举人，改分湖北候补道，赐二品衔。辛亥革命后，曾先后担任过参议院议员、众议院议员。后追随其兄周学熙，专心致力于创办实业。特别是周学熙退休后，即由他接任领导各实业的经营，是我国著名爱国实业家，曾任天津市政协委员。也曾在扬州小盘谷居住过。其夫人徐氏是扬州人，对扬州感情深厚，女佣、家塾老师都一律从扬州聘用，也常回扬探亲。

周学辉的子女也大都到过小盘谷。其子女大都能说得一口扬州话。其子周明和（1900—1984），字介然，就出生在扬州，后随父也从事实业。他长期领导着北京自来水公司。

周学辉的二女周仲铮，原名莲荃。她的一生充满传奇色彩。15岁即离家出走，曾得到李大钊、胡适支持和帮助，到北大旁听。后在南开大学就读，曾与邓颖超、许广平等参加妇女运动。以后又赴法求学，获得巴黎大学文科博士学位。她又遍访名师，专研绘画，是著名画家、作家。后定居德国，与德国汉学家克本结婚。有德文自传体小说《小舟》《十年幸福》

及《树王》等多部作品问世,并被译成英、法、意、荷等多国文字。1986 年中文版《小舟》在国内发行。画作曾在德、法、意大利、西班牙、中国举办个人画展,并被各国博物馆收藏。在巴黎画展期间,张大千、潘玉良均前往祝贺。从 1978 年起周仲铮夫妇多次回国,并曾两次受到邓颖超接见。北京中国现代文学馆现设有周仲铮文库,陈列她的藏书、手稿和她的介绍及作品,笔者曾专程前往查考。1982 年周仲铮从德国回国,参加天津艺术博物馆为她赠画举办的个人画展,堂兄周叔弢夫妇用扬州菜宴请她夫妇时,酒酣耳热,他们也用扬州话谈到扬州菜、扬州小盘谷。座中其他人笑听他们用扬州话交谈。周仲铮甚至还用扬州话,学当年家塾王老师的语调,摇头晃脑地读了一首唐诗,引得大家大笑。

他们当中除上已述及的外,还有周叔迦(1899—1970),原名明夔。他是中国佛教史研究专家、中国佛教学院创办人、中国佛教协会副会长兼秘书长、第三届全国人大代表,1956年被印度摩诃菩提会推举为终身会员。据朱江先生在《扬州园林品赏录》中介绍,周叔迦在"文革"前和周叔弢"兄弟两人曾先后来游故乡、故里、故园"。此后也曾多次来扬,朱江先生还曾和周叔迦在史公祠会晤。

曾任北洋政府总统府秘书、内务部参事等,后从事实业的周志辅,酷爱并钻研戏曲,最终成为戏曲史专家。此外还有著名昆曲名家周铨庵等。

周馥的第四代中有：曾任亚运会工程总建筑师、北京建筑师学会会长，兼任上海同济大学建筑系博士生导师的建筑学家周治良；美国斯坦福大学神经生理学家周杲良；著名历史学家、教育家，北京大学教授周一良；天津文史研究馆馆员周慰曾（周骏良）；曾先后任北京地质学会分析测试委员会主任、中科院地质与地球物理研究所研究员的物理学家周景良等。

当代植被生态学家和植物分类学家、东北林业大学教授周以良，他曾先后发现近百种新植物。并先后被聘为国际林区草地学术委员会主席、世界保护同盟维护生存委员会委员、法国枫丹白露国家公园委员会委员等学术职务，被国际白十字会协会授予生物保护爵士和纽约科学院授予院士称号。

微生物学家周与良，历任中国科学院微生物研究所真菌地衣系统学开放研究实验室学术委员会副董事长，国家自然科学基金委员会评议组成员，第七、八届全国政协常委等。作家、文史学家、佛学家、红学研究专家周绍良；北京外语学院教授、翻译家周珏良，曾任中国人民志愿军代表团秘书处翻译，担任过毛泽东、周恩来、陈毅等国家领导人的翻译；著有《杨虎城》《女间谍覆没记》《阮玲玉》等多部长篇小说的作家周骧良；俄语、德语评审周秉良；建筑学家周艮良等。

在启字辈中，除上面已述及的，还有新西兰生物学家周启昆；空间及地理信息系统专家、教授周启鸣；乌尔都语研究

者周启登；澳门先达国际集团总裁周启晋；日本历史研究专家，曾任天津社科院日本研究所研究员、所长的周启乾等。

周馥家族后人除上述以外，在从1897年小盘谷成为周馥宅园以来直到现在的100多年中尚有许多后人在此生活、居住过，因资料和本人涉历所限未能全部述及。周氏家族在中国历史上代有名流，人才济济。周氏家族走过了忠君报国、实业强国、科学教育救国这样一个中国知识分子走过的历程。

小盘谷原主人徐仁山有二子、二女。据《南陵县志》卷二十九《人物志》介绍，长子徐乃光，字厚馀，廪贡生，江苏候补知府。光绪甲午（1894），由外交大臣杨儒推荐，出任驻美国纽约第一任首席领事，分发江苏并赏加二品衔。先后派赴招商局官运处、金陵机器制造局，癸卯（1903）曾委赴日本观操，受日皇赐三等瑞宝勋章。后被委办扬子淮盐总栈。次子徐乃斌，字孝馀，以孝友闻乡里。由附贡生历任同知知府道员，先后供职于苏、赣、粤东各省。长女徐檀，字霞客，是一位才女，嫁给了曾任清政府驻新加坡领事，民国时曾先后为吴佩孚、张学良幕僚的杨圻（字云史），他曾有"江东才子之称"。杨圻曾写过不少有关扬州的诗词，在一首《暗香》赋的小序中，他写道：

　　癸卯秋，余既续娶徐氏妇于广陵，居二载，暇辄出城作清游，着花时独往，虽风雪弗止。花外数武即雷塘，为赋作

《暗香》。

这里"徐氏妇"即指徐仁山长女徐霞客。在另一首《浣溪沙》词的小序中则写有：

> 广陵初秋,偕霞客泛舟虹桥,载月而归,联句。

从上可见,杨圻和徐霞客是在扬州结的婚,并在扬居住了两年。

徐仁山次女如前所述,嫁给了周馥五子周学渊。徐仁山还有一侄徐乃昌,字积馀,晚号随庵老人。他是徐乃光堂弟。光绪十九年中举,二十三年任淮安知府,特授江南盐巡道。光绪二十八年受命考察日本学务,回国后先后提调江南中、小学堂事务,总办江南高等学堂,督办三江师范学堂(南京大学前身)。清亡后,隐居著述、校刊古籍,是我国近代著名的学者和藏书大家。徐乃昌与周家也有过合作,曾与周学熙、周叔弢合办过镇江大照电力公司、启新洋灰公司。

从徐仁山自同治七年到光绪十五年都在扬州一带为官二十余年的经历和大树巷小盘谷徐家宅居的情况来看,特别是上面提到的杨圻和徐霞客在扬州结婚居住的情况看,徐仁山子女也确有可能都在小盘谷居住过。

周馥在徐仁山卒后,对徐仁山长子徐乃光、次子徐乃斌也均有提携。光绪三十年十月,周馥署理两江总督,"三十一年正月,周督添办法八条……二月,徐乃光会办铜圆局。五月,沪扬机器运到,就南门机器局安装,系扬州拨来十六部,由徐乃光暂收代铸"。光绪三十二年,徐乃光即任金陵机器制造局总办。作为负责铸造钱币部门的总办,不仅责任重大,也历来是件肥缺。也在光绪三十二年三月,周馥委派江西候补道徐乃斌会同上海道,设局办理闸北开埠"所有定界、筑路、造屋、设捕及召变铁路拨还地亩一切事宜"。五月,"上海北市马路工巡总局"正式成立,徐乃斌为总办,可见实权在握。当周馥奉调两广总督时,徐乃斌则又随周馥去两广赴任。

从大树巷小盘谷两位主人,特别是周氏家族人才辈出的传承,可以让我们更多地理悟到小盘谷这座名园的深厚文化积淀。我们在小盘谷,不仅可以看到园林佳境,更可以领略到中国知识分子爱国、忧国、报国、强国的传统和情怀。

附　录

一、悫慎公周馥支下世系表

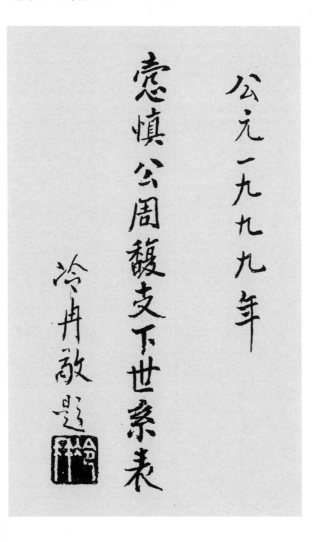

公元一九九九年

悫慎公周馥支下世系表

泠丹敬题

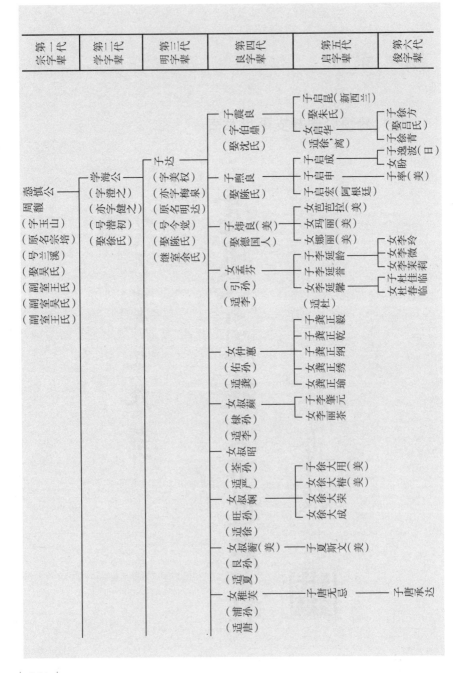

第一代 崇字辈
第二代 学字辈
第三代 明字辈
第四代 良字辈
第五代 启字辈
第六代 俊字辈

崇颐慎公
（周馥）
（字玉山）
（原名宗培）
（号兰溪）
（娶吴氏）
（副室王氏）
（副室吴氏）
（副室王氏）

学海公
（字澄之）
（亦字健之）
（号潜初）
（娶徐氏）

子达
（字美权）
（亦字梅泉）
（原名明达）
（号今觉）
（娶陈氏）
（继室余氏）

子震良
（字伯鼎）
（娶沈氏）

子启昆（新西兰）
（娶朱氏）
女启华，（适徐，离）

子徐方
（娶昌氏）
女徐逸波青青（日）

子焴良
（娶陈氏）

子启成
子启申
子启宏（阿根廷）
子率申（美）

子慎良（美）
（娶德国人）

女芭芭拉（美）
女玛丽（美）
女娜丽（美）

女孟芬
（引孙）
（适李）

子李延龄
子李延普
女李延馨
（适杜）

女李微玲
女李莱莉
女杜佳佳
女杜临临

女仲惠
（佑孙）
（适龚）

子子龚正毅
子子龚正乾
女龚正纲
女龚正绣
女龚正瑜

女叔颖
（橡孙）
（适李）

子李肇元
女丽茶（美）

女叔昭
（荃孙）
（适严）

女叔娴
（旺孙）
（适徐）

子徐大用（美）
女徐大楷（美）
女徐大荣
女徐大成

女叔蔺（美）
（良孙）
（适夏）

子夏斯文（美）

女稚美
（浦孙）
（适唐）

子唐无忌

子唐承达

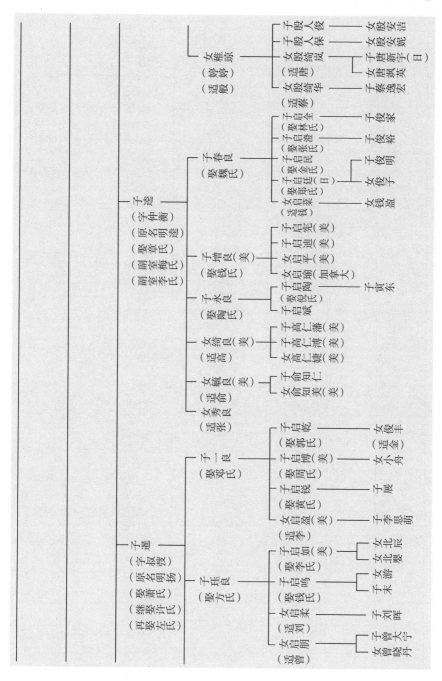

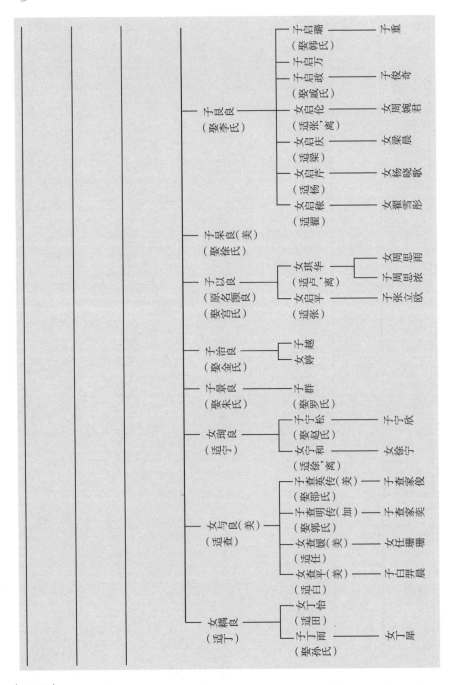

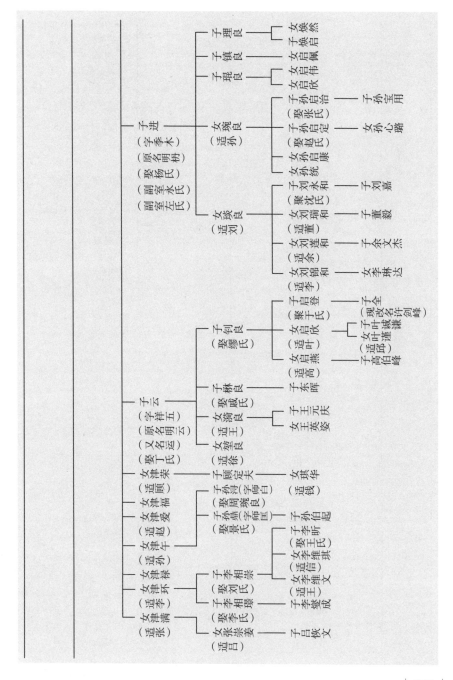

子进
（字季木）
（原名明枬）
（娶杨氏）
（副室永氏）
（副室左氏）

　女琬良（适孙）
　女瑛良（适刘）

　　子理良 ── 女焕然／子焕启燃
　　子镇良 ── 女启佩
　　子琨良 ── 女启伟／女启欣

　女琬良（适孙）
　　子孙启治（娶张氏）── 子孙宝用
　　子孙启定（娶赵氏）── 女孙心璐
　　女孙启康
　　女孙统康

　女瑛良（适刘）
　　子刘永和（娶沈氏）── 子刘嘉
　　女刘端和（适董）── 子董毅
　　女刘莲和（适余）── 子余文杰
　　女刘锦和（适李）── 女李琳达

子云
（字祥五）
（又名明云）
（原名运云）
（娶丁氏）

　子钊良（娶缪氏）
　　子启登（娶于氏）── 子全（现改名许剑峰）
　　女启欣（适叶）── 女叶诚谦／子叶谨谦
　　女启燕（适高）── 子高伯峰（适邱）伯峰

　子稼良（娶臧氏）── 子乐晖
　女滴良（适王）── 子王元庆／女王英姿
　女旋良（适徐）

女津荣（适顾）── 子顾定夫 ── 女琪华（适钱）
女津福
女津爱（适赵）
女津午（适孙）
女津禄
女津环（适李）
女津满（适张）

子孙浔（字师白）（娶周琬良）
子孙鼎（字师匡）（娶景氏）
　子子孙伯起
　子李昕（娶王氏）
　女李维琪（适信）
　女李维文（适王）

子李相崇（娶刘氏）
子李相璟（娶李氏）── 子李耋成
女张崇姜（适吕）── 子吕恢文

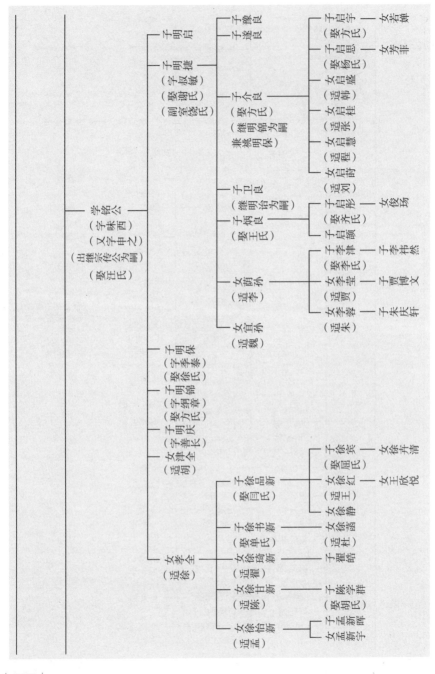

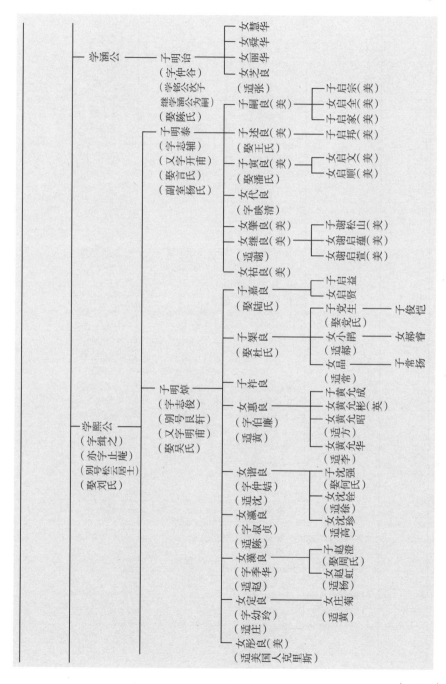

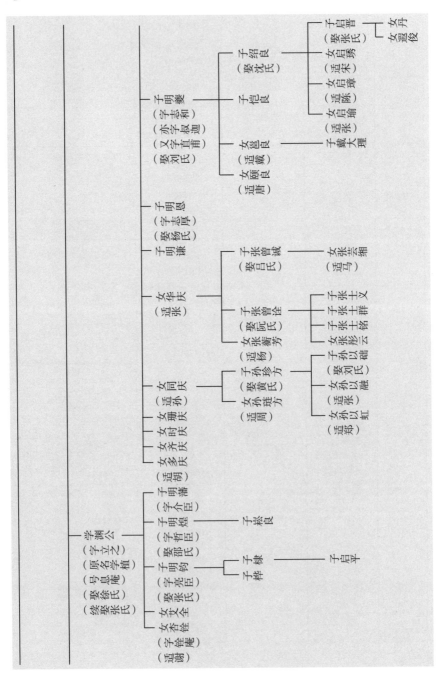

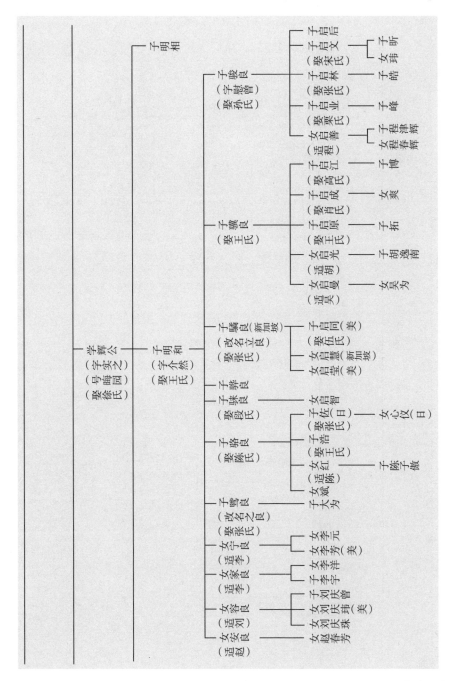

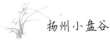

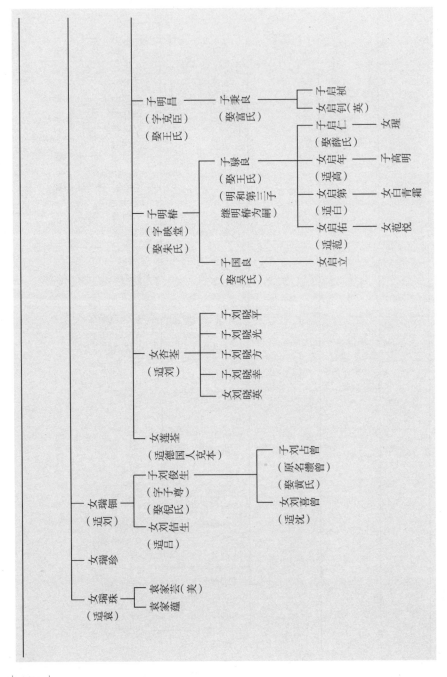

二、部分历史文献资料书影

《周悫慎公全集》卷首《行状》书影

周馥《负暄闲语》书影

疇工疇賈猗文儒也施無不遂世所須也沈沈以肅迶清臞也黃老是耽異眾趨也事鬱心悼積莫扶也銘告萬祀禮厥墟也林畏廬曰氣味醇美而無意中流出悲音此六一之所長也銘詞清健似昌黎

清授光祿大夫陸軍部尚書兩廣總督周愨慎公神道碑文 壬戌

公諱馥字玉山安徽建德人今縣名易秋浦建德周氏始唐初中丞公訪避武后亂自徽州來遷數傳至御史中丞繇以詩名咸通間弟繁亦舉進士第一兄弟並祀鄉賢其後或隱或仕至公而大考光德妣葉氏自考以上至高祖王考皆贈光祿大夫妣皆贈一品夫人公雖舊族起寒素無資藉少值寇亂爲人治軍書李文忠公率師東征見所爲書奇其才拔以自隨一日戰青暘鎮俘賊千計以屬公謂當誅其半公擇宿賊戮三十人餘悉遣去文忠益賢之在幕六年累功晉知府留江蘇運丁大父母及父憂心氣耗損從寶華山道士受止觀法體益健同治十年永定河決文忠總督畿疆奏起公特旨以道員留直隸公任事勤討周諮不塗飾耳目既治河遂洞明水利害山東巡撫奏挽黃河復淮徐故道文忠用公言縱水北歸不復故道而治天津入海金鐘河北運筐港減河通州潮白河設文武汎官資防守後又建永定北岸石隄衛京師築蘆溝減水壩工尤鉅民賴其利光緒三年署永定河道明年內艱歸服闋署津海關道俄員除朝鮮初通商公與美提督薛裴

清授光禄大夫陆军部尚书两广总督周悫慎公神道碑文书影

南陵县志　　　　卷二十五 人物志

学者众，犹抑居中学，引河南叶县例，请当事题改大学。会病卒，易箦时，犹谆命其子灏、沛、沆、桼勿怠厥事。越数年，竟得上闻，诏如所请，邑人德之。卒年七十有二，祀乡贤。

以上旧志。

清，徐文达，字仁山。咸丰十年，发逆围县城，寿春镇总兵陈大富忍饥固守，文达以俊秀率民团佐之。保危城者数月粮尽，陈大富拔师出，文达走安庆，署两江总督钦差大臣、督办军务曾国藩一见器之，檄办军械。同治元年，福建延建邵道李鸿章督师赴援上海，文达随军东下，筹运军实器械。二年，苏州克复，文达搜贼囤遗谷二百余万石，碾济军食。苏、常肃清，以转输之力第功，由从九品历保至直隶州知州，赏换花翎加运同衔。五年，调清江支应所，转运饷械。时捻逆势张，曾国藩督军济宁，兵无见粮，清江又戒严，相去八百余里，出境即贼。文达募小车数十辆，轻装重赏，躬自督催，间道疾驱，四日而达。曾国藩惊喜慰问，称为冒险出奇。寻调江宁淮军支应所。六年，李鸿章接办军务，改支应所为苏省后路粮台，以文达充提调。七年，檄赴扬州管粮台事。时前敌百五十营，月饷四五十万，文达综核转运，妥速无误。捻逆平，历迁至以道员留江苏遇缺题补、赏加盐运使衔。十年，兼办淮军后路营务处。十三年，台湾番社不靖，淮军航海进剿，始终饷械无缺。光绪元年，叙劳赏加布政使衔。二年，山东、河南岁饥，流民南下就食，文达在扬州集资收养，度地城外五台山筑土围十余围，容万人，编竹为屋，分行如伍，纵横相亘。户百立一长，户千更立一长，出入有稽，喧呶有禁。资医药、除汙秽，人人乐就约束，城市未常见一难民。三年四月，资遣使归。凡活十三万余口。十一月，两江总督沈葆桢檄办仪征淮盐总栈，文达在扬久，商情之诚伪、资本之盈绌、场运利赢之多寡。皆一一求其所以然。既综栈务，百废俱举，以年计之，岸销多于旧者三之一。五年八月，以历办山西赈捐出力，赏二品封典。九月，修浚仪征东门外河道。六年，署两江总督吴元炳疏荐文达治行卓越，奉旨存记。七年，署两淮盐运使。自六年至是年凡三署是篆。八年六月，运河水涨，运司例与淮扬海道堤工局员保守高邮五坝，视水势缓急为开闭。是时河水平堤，已加子堰，几不可以终日。漕臣令开坝，文达念下河农田收获在近，力持得守且守之议。日遣左右赴上游测量水势，自乘扁舟时舣坝下，俟水落乃已。由是下游农田得毕登。九月，两江总督左宗棠委办通泰两属范堤工程。十二月，署淮扬海道。九年，漕运总督庆裕奏报安澜，详陈文达等上年力顾下游功，下部优叙。十年四月，以助办皖赈出力，复下部优叙。七月，两江总督曾国荃檄赴正阳，督销淮北纲盐。淮北引地汝宁七州县，自军兴后停运四十年，久为卫私侵占，文达自周口至汝宁在在详察，历一年之久，乃于洪河口要隘设立总卡，卫私遂绝，淮引行而废岸旋复。十三年，河决郑州，曾国荃以淮扬地处下游，奏委文达开浚张福口窯河，以导来源，抽挑旧黄河淤垫之处以疏去路。十四年二月，补淮扬海道。九月，护理漕运总督。十五年五月，曾国荃疏保文达才猷卓越，器识深沈，讲求吏治。前曾三署两淮运司，于鹾纲利弊无不洞澈原委，上年奉命护理漕运总督数月，治河方略尤征热谙，所至有声，不独两司之任措施有余，堪膺封疆重寄。请旨交军机处存记。允之。七月，再护理漕运总督。十月，授福建按察使。十六年二月入觐。三月，行抵扬州卒。曾国荃疏陈文达平生政绩，请宣付史馆立传；而直隶总督李鸿章以文达南北征剿，实与淮军战事相终始，奏请附祀各省淮军昭忠祠。嗣清淮士绅周钧等因文达在淮扬道任内，见地方凋翅、命盗案繁，劝民勤种植为生计，捐廉购桑麻秧数十万株分给贫

《南陵县志》民国点校版“清徐文达”条书影

三、周馥谢恩奏折

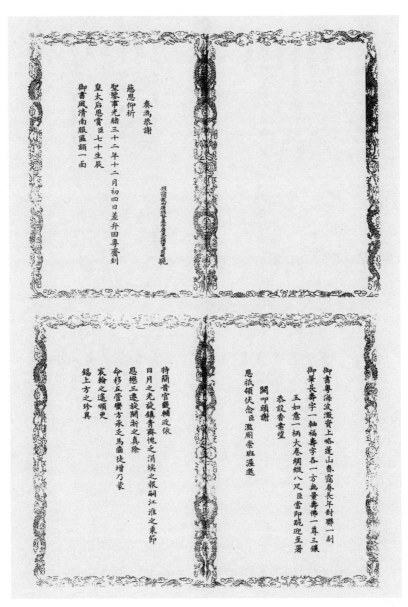

奏為恭謝
慈恩仰祈
聖鑒事光緒三十二年十二月初四日差升回粵齎到
皇太后恩賞臣七十生辰
御書風清南服匾額一面
御書粵海波澂資上略蓬山春長年對聯一副
御書長壽字一軸福壽字各一方無量壽佛一尊三鑲
玉如意一柄大卷綢緞八疋臣當即跪迎至署
恭設香案望
闕叩頭謝
恩祇領伏念臣濫廁崇班渥邀
特簡膺官鐵輔近依
日月之光旋鎮青齊愧乏消埃之報嗣江淮之秉節
恩懋三邊旋開浙之真除
命移五管彎方承乏馬齒徒增乃裘
宸翰之逸頒更
錫上方之珍異

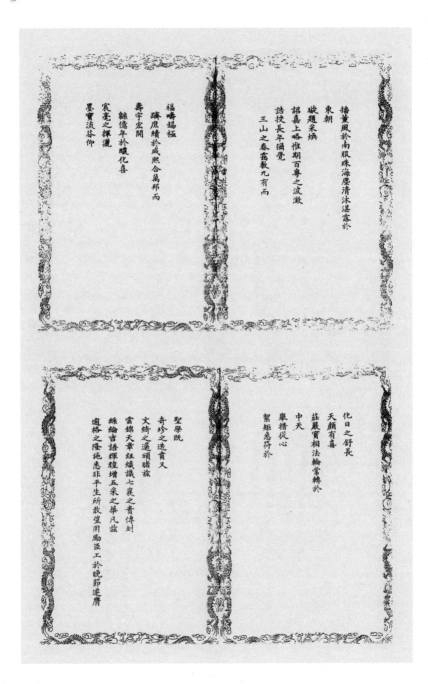

播薫風於南服珠海塵清沐湛露於
東朝
璇題采焕
詔嘉上咯惟期百身之波激
詁授長年徊覺
三山之春畵數九有雨

化日之舒長
天顏有喜
莊嚴寶相法輪常轉於
中天
舉措從心
絜矩悉符於

福疇錫極
蹲底績於咸熙合萬邦而
壽宇宏開
絲億年於釀化喜
宸毫之揮灑
墨寶流谷仰

聖度既
奇珍之迭貴又
文綺之遙頌諧故
雲錦天章組織識七襄之貴傳到
絲繪吉語輝煌增五采之華凡兹
適格之隆施悉非平生所敢望用勵臣工於晚節逵膚

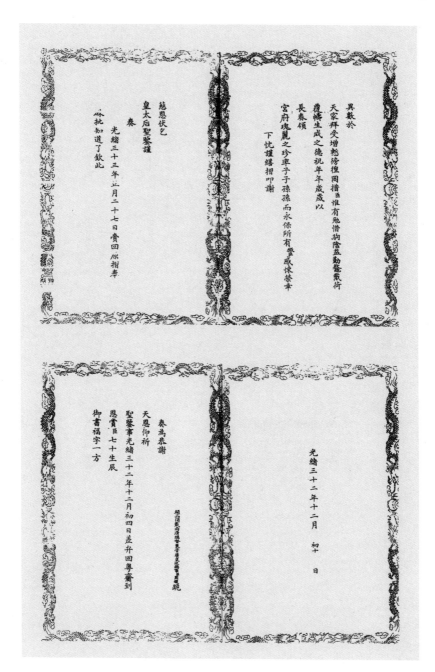

異數於
天家拜受增熙侈禋固措臣惟有勉惜絢宠盎勤慜衔
覆帱生成之德祝年年歲歲以
長恭領
宫府瑰麗之珍率子子孫孫而永保所有謦感悚榮幸
下忱謹繕摺叩謝

慈恩伏乞
皇太后聖鑒謹
奏
光緒三十三年正月二十七日賫回原摺奏
※批知道了欽此

光緒三十二年十二月　初十　日

奏為恭謝
天恩仰祈
聖鑒事光緒三十二年十二月初四日差升回粵蒙到
恩賞臣七十生辰
御書福字一方

御書壽字一方無量壽佛一尊三鑲玉如意一柄蟒
袍料一件小卷綢緞十六疋臣當即跪迎到署
恭設香案望
闕叩頭謝
恩祇領伏念臣樗櫟庸材柳蒲賤質當終軍之弱冠
勉効馳驅逾荀羨之年華頻蒙

拔擢繡衣持斧曾
除廉察之司華毂高軒疊
于屏藩之寄自燕齊而師千江左
九命逾榮本閩浙而移節嶺南
三邊邈龍
龍光久荷馬齒徒增旂序侵尋涓埃無補何意衰年

之漸骨猶裳
御筆親題
雲章喜見
福同川至本
皇極敷錫之庥

壽比春長原
聖主延洪之化貽
吉光於寶相鑄金而
美意延年稟
魁柄於珍符
授玉而指揮如意

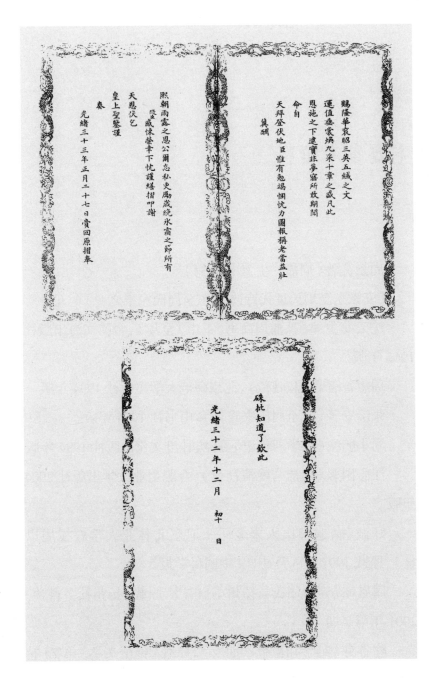

赐隆华衮昭三英五绂之文

运值垂裳焕九采十章之盛凡此

恩施之下逮实非梦寐所敢期间

命自

天拜登伏地臣惟有勉竭悃忱力图报称老当益壮

莫酬

熙朝雨露之恩公尔忘私史勉岁晚冰霜之节所有

隆此感悚荣幸下忱谨缮摺叩谢

天恩伏乞

皇上圣鉴谨

奏

光绪三十三年正月二十七日赍回原摺奉

硃批知道了钦此

光绪三十二年十二月　初　日

主要参考资料

周景良著《周馥一生》（未刊稿）

《安徽东至周氏近代诗选》（东至周氏家乘之一）全五册

沈云龙主编《秋浦周尚书（玉山）全集》，台湾文海出版社1966年版

周慰曾著《周叔弢传》，北京师范大学出版社1994年版

张治安著《东至周氏家族》，黄山书社1994年版

周小鹃编《周学熙传记汇编》，甘肃文化出版社1997年版

汪志国著《周馥与晚清社会》，合肥工业大学出版社2004年版

好诚《踏遍青山人未老——记东北林业大学教授周以良》，原载1997年5月5日《中国科学报》

周启乾《建德周氏与扬州小盘谷》，原载《扬州社会科学》2001年第2期

陈省身《纪念几位数学朋友》，原载《传记文学》第75卷

第 2 期

金彭育《周氏家族在天津》,原载天津 2003 年 3 月 31 日
《今晚报》

周景良、周榘良、周启乾、周启成先生及周幼玲给笔者的部
分来函、邮件

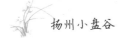
后　记

　　早在 10 年前,因偶然的机会,接触到小盘谷宅园,并受托了解小盘谷宅园的构建和园主人的历史文化资料。在此过程中先后和园主人周馥的许多后人有过接触,或是拜访、接待,或是通信请教。其后断断续续对小盘谷的资料做过一些收集和整理,也写过一些有关小盘谷的文章,更是常去小盘谷徜徉细赏,深感小盘谷的历史人文底蕴,在扬州园林中尤为丰厚、独具特色。

　　在写作本书时,我曾为小盘谷中的厅堂亭台原先无一题匾和楹联而感到遗憾,在介绍园中景点时,似乎也缺了一点什么。朱江先生在品赏小盘谷时,也曾发出此憾。然而,小盘谷两任园主,考其生平,都是饱读诗书、不乏文采之人,自然懂得名匾佳联当为景点增色。那么,其缘何如此呢? 游罢小盘谷,游人可能也会有此疑问。这也让我思之良久。

　　扬州园林之盛,当以清康乾之际为最。扬州闻名于世,保存至今的一些名园景点，也大都是那个时代的构建，并多为盐商巨贾之宅。其宅园，既是私家宅园，也是会客接待之所。他们喜好结交文人雅士，尤其在盐商鼎盛之际，其宅园常有文人雅集、诗词修禊。如扬州瘦西湖、个园、何园，于是园中不乏题名、题联、题咏。小盘谷两任园主人，尽管他们也工诗好文，但毕竟不是盐商巨贾，周馥接受和入住小盘谷时，正是告缺赋闲、失意之时，且拟幽静颐养。"盘谷"者，本就是园主人隐居之谓也，自不会去搞雅集修禊，更不会有诗酒笔会的热闹。特别是他入住一年后，即离开小盘谷，重又奉旨赴任。徐仁山构园时，也是身为官宦，加之小盘谷宅园体量较小，徐仁山也只是以私家赏悦居住为主，如遇公务或是会客，尚有官衙接待。而且他构园后不久，就卒于扬州，由周馥承接，但周馥并未久居。在扬州一房因周学海早逝，而其后人又大都扬名于京、津、沪，未在扬州留名，故小盘谷隐于市井之中，更少见于资料，也就未能有题名、题联、题咏了。当然，这也只是笔者的一孔之见。甚至到民国时期，遍访扬州园林的易君左，在他的《闲话扬州》中写遍扬州园林名胜，也惟独不见盘谷之景。然而小盘谷终以自身的幽秀静雅、精致细巧和人文底蕴为人所识。藏在深闺人不识，一旦揭面殊世惊，在众多的扬州园林中便声名鹊起。

对于上述遗憾，朱江先生曾建议，何不学一学曹雪芹在《红楼梦》中所写的"大观园试才题对额"，也来个"小盘谷

试才题对额"？或是组织一次诗词修禊、笔会雅集？相信这定当为小盘谷宅园增色添辉。小盘谷整修后，新建的桐韵山房、西花厅等一些厅堂已增挂了匾额或楹联，也算是个开始吧。只是希望新增的匾额或楹联能尽量与小盘谷的历史文化底蕴相吻合。

对小盘谷尚存疑问的是，小盘谷究竟有无楠木厅。说有的，据笔者查考源于园主人周馥之孙周叔弢所说。1963年春，周叔弢回到阔别五十载的故居小盘谷，曾明确指认园中花厅是楠木厅，并在《弢翁日记》中记述当年4月14日游小盘谷的情景：

> 下午游小盘谷，门楼及号房都拆去。小盘谷假山在修复，大树如核桃、枇杷、玉兰皆不见。楠木厅水阁堆满货物，不能入内。扬州市人委甚重视，九狮图郑重保存。……

可见周叔弢先生所说楠木厅水阁当为园中花厅。他当时对陪同人员讲过：楠木厅无论门、窗、梁、楣、檩、柱均不髹漆，而以本色出之。韦明铧先生曾以"当以异路功名发达"为题写过一篇短文（载2009年9月24日《扬州晚报》）。文中有"左首建曲尺形楠木花厅三间"之说，似采用此说。周叔弢的堂侄周慰曾（原名周骏良）在其所著《周叔弢传》中也有小盘谷楠木厅的叙述：

> 楠木厅居旧宅之中，是周馥会客之所。全厅的门、窗、梁、楣、檩、柱均不髹漆，罩以清油，以楠木本色出之，给人以澹泊宁静之感。也是幼年的周叔弢与兄弟姐妹向往而不敢贸然进入的"禁地"。

如按此述，则楠木厅不一定是花厅。孩子们不敢贸然进入的"禁地"，就有可能是入仪门后的厅堂了。对此，我也请教了曾在小盘谷商业招待所工作过的老同志和赵立昌先生，他们又都咬定在小盘谷没有见到过楠木厅。赵立昌先生多年从事古建工作，谈起扬州的楠木厅如数家珍，对小盘谷有无楠木厅，他也很感疑惑。也有一种说法：小盘谷曾有过楠木厅，在园中北端，后原屋圮毁，改建为今之二层小楼。对此，虽未有广泛认同，我想也存此一说吧。因为对楠木厅的有无、方位我不能肯定，故未在正文中介绍。在此，也算是给本书的读者一个交代。

曾有人，包括周氏后人都曾建议，在小盘谷宅园设周氏资料陈列室。笔者也有同感。周氏资料的陈列，有助于提升小盘谷的人文价值和文化内涵，也便于游客对小盘谷的人文、历史有更深的了解。去小盘谷游览，不能走马观花，也不能光顾拍照留影，更不能凑热闹、图省事，最好静下心来，放慢脚步,细细品赏。目前,小盘谷宅园尚未完全恢复原貌,特别是住宅部分,有些地方也需改进。须知,住宅是园子不可分割的重要组成部分,蕴含着许多历史人文信息。相信扬州有关部门能够修复、保护好这座古宅。

也许是因为小盘谷属"后起之秀",至今尚无一本全面完整介绍小盘谷宅园历史、建筑、景点和园主人的书籍,受广陵书社的建议,也是出于对扬州园林的敬重和热爱,虽才疏识浅,还是提笔写成此书,错误和不当之处,尚请各位方家给予指正。

本书编写过程中,曾先后得到周馥后人周景良、周慰曾、周榘良、周启成、周启乾、周小娟诸先生的帮助和指正,并为我提供了许多宝贵资料。也得到安徽池州学院汪志国教授及其夫人疏志芳、安徽南陵政协俞生华先生、我市赵立昌先生的指教,王其高先生为本书拍摄了大量精美的照片,在此一并深表谢意!

在书稿初成后,又请周景良、周启成、周启乾、周幼玲、赵立昌诸位作了审阅,根据他们的意见,又再次作了修改。当我再向他们请教时,周榘良先生、汪志国教授已因病离世,让我十分感慨!在我向他们表示敬意和思念的时候,我不禁想到,我市有那么多国家级、省级、市级的重点文物保护单位,应当抓紧请相关文物保护单位的后人和知情人帮助收集和整理资料、文物,不使其随时间而流失。

　　感谢我市著名文史专家,曾任扬州文物局局长兼扬州博物馆馆长的顾风先生,他在详阅书稿后,又欣然挥笔,为本书作序。他从扬州园林史的高度落笔,气势纵横,最后谈到小盘谷乃至扬州园林文物的挖掘、研究和保护利用,使我深有感触。

　　本书"惟适之安小盘谷"和"宜居怡人盘谷宅"中的部分内容曾分别在《扬州文化研究论丛》第十七辑、第十九辑上刊载,在写本书时作了修改和补充,特此说明。